校企"双元"合作开发教材

21世纪高职高专规划教材·通识课系列

大数据基础

主 编　姚培荣
副主编　滕延秀
参 编　张义明　王佳倩　张昭君　秦 敏
主 审　杨 扬（帆软数据应用研究院院长）
　　　　刘曙光（新道科技股份有限公司副总裁）

Foundation of
Big Data

U0386237

中国人民大学出版社
北京

《大数据基础》是一本能够让你快速了解当前世界大数据规则的通识教材，作为"大数据时代"的一员，我向大家特别推荐将这本书作为观察大数据星海的一扇窗。

其实在"大数据时代"来临之前，数据早已存在。人类还没有发明文字的时候就已经会结绳计数了，但是"大数据时代"的到来才真正引发了人类数据觉醒的意识。人们逐渐明白，数据不仅可以用来记录生产，其本身也可以是生产力，而前提是，我们真正开始了解和认识大数据。

2013 年，"大数据时代"在中国爆发，2016 年，我国首次在高校中出现了大数据专业，但数据岗位等待专业人才已经等了至少 7 年光景。多年的企业数字化项目经验使我明白，现在的数据素养已经不是数据工程师的专属要求，不光 IT 部门，业务部门同样被赋予数据管理与运营的职责，也更清楚地知道有价值、实用的数据知识和学习资源的匮乏。如何才能将最新的市场需求带往高校？如何才能让学生掌握工作必备的技能？如何才能让他们更加自信地面对未来？帆软一直在思考，也一直在行动。

近年来，有近 10 万名师生使用帆软的数据分析工具去学习、应用数据，我们也深切地感受到这份热忱。作为从南京大学起家的本土企业，帆软的创始团队一直有"从高校中来，到高校中去"的情怀。帆软至今已服务超过 15 000 家客户，成功实施了 46 000 个项目，也获得了很多专业机构的认证，更是常年登榜"中国大数据 50强"。这些压在肩膀上的荣誉和信任，让帆软意识到有责任加入高校培养数据人才的队伍，为社会培养更多具备数据素养、数据应用能力的人才。于是我们一步步打造了完整的教育生态，从前期的老师赋能、师资培训，到教学过程中的学习资源、互助问答、职业资格认证，再到学习之后的竞赛评优、推荐求职，形成了教育的闭环，把市场需求带到高校，再将符合市场需求的高校人才带回市场。而在这个过程中，不乏如本书编写团队里这些愿意进行课程改革、实践创新的老师，他们不愿拘泥于原有的教学框架，积极响应国家提出的"产教融合、校企合作"的号召，于苍茫中点灯，于烟海中扬帆。

国家信息中心原主任、国家信息化专家咨询委员会委员高新民先生在"2020 智慧中国年会"主论坛上提出，"十三五"信息化的发展主线是"互联网＋"，而"十

四五"信息化的发展主线是"数字化转型",数字经济已经成为我国经济实现高质量发展的重要保障。而国内面临数字化转型机遇的企业急需解决的问题就是人才紧缺问题。在《中国经济的数字化转型：人才与就业》报告中，我们可以发现当前我国大数据领域人才缺口高达 150 万，到 2025 年或将达到 200 万。帆软数据应用研究院 2020 年的调研报告中显示，企业希望数据团队既懂技术，又懂业务，而此次调研结果中仅有 12％的受访企业表示自己的数据团队精通业务与技术。大多数企业数据团队处于技术实现可以满足需求，但是业务理解无法跟上企业降本增效思路的困境。这对行业来说是痛点，但是对于学校和学生来说，却是机会。业务理解＋技术实现是数据人才培养的关键所在，实现产业和人才的对接，才能提升学生就业质量，填补应用型教学的空白。

对于高校学子，尤其是对我国的高等职业院校学子来说，应用能力是就业之本。如果能够在教材、教案、教学环节中增加企业真实面临的业务场景和行业解决方案，将极大地提升学生的业务理解能力，并能够引导学生将技术落在实处。本书的编写者在讲述大数据基础概念的同时，也将企业级的工具应用、案例融入理论中，是十分适合所有对大数据感兴趣的初学者阅读学习的。

帆软数据应用研究院院长 杨扬
2021 年 3 月

序 2

随着数字经济在全球的加速推进以及 5G、人工智能、物联网、区块链、数字货币等相关技术的快速发展，数据已成为影响全球竞争的关键战略性资源。2020年 4 月，中共中央、国务院发布《关于构建更加完善的要素市场化配置体制机制的意见》，将"数据"与土地、劳动力、资本、技术并列，作为新的生产要素，并提出"加快培育数据要素市场"。数据要素市场化配置上升为国家战略，将对未来经济社会发展产生深远影响。习近平总书记强调，"大数据是工业社会的'自由'资源，谁掌握了数据，谁就掌握了主动权"，要"审时度势、精心谋划、超前布局、力争主动"。

认识、把握"大数据时代"的挑战与机遇，是当代大学生必须面对的严峻课题，掌握大数据的基础知识成为当代每个大学生的必修课之一。许多人看到"大数据"一词，会先入为主地认为大数据就是"大量数据"或者"强大的数据"。其实并非这样，"大"意为："有用的""实用的""有价值的"。《大数据基础》一书将大数据相关的基础知识，如数据、大数据、数据库等基本理论知识深入浅出地进行了详细介绍，同时将"大数据思维"作为独立的项目进行细致的介绍。大数据思维是一种全新的思维模式，主要侧重考虑全部数据样本的整体性和相关性，并接受数据的不精确，容许一定程度的错误与混杂，大数据的这种容错思维反而更好地帮助人类认识到事实的真相。

在大数据时代，数据不但关系到每个人的切身利益，也关系到国家的公共安全与社会稳定，如何在进一步推动大数据应用的同时，加强数据安全与个人信息保护，成为个人及国家常态化下必须面对的课题。本书中"大数据安全"这一项目详细讲述了大数据时代存在的安全问题，提醒我们在享受大数据带来的便捷的同时要谨慎、正确地使用大数据。

本书专辟项目单独介绍了大数据分析技术和数据可视化，帮助我们进一步认识大数据时代的发展现状。在"数据可视化概论"这一项目中，以 FineBI 和用友云两款国产自助可视化工具为例，展示数据可视化的分析过程，帮助学生更直观地探析大数据及大数据分析相关知识。最后，本书详细讲述了与大数据融合应用的云计算、物联网、人工智能、区块链、数字货币等新一代信息技术。

　　用友集团创立于 1988 年，30 多年来我们在"用创想与技术推动商业和社会进步"使命的指引下，一直专注于面向企业及公共组织的软件与服务产业，先后走过了以用友财务软件服务会计电算化的 1.0 阶段、以用友 ERP 服务企业信息化的 2.0 阶段，现在正处于以用友云服务企业数字化的 3.0 阶段。在这个阶段，大数据技术的意义不仅仅是掌握庞大的数据信息，更重要的是对这些含有意义的数据进行专业化的处理，产业盈利的关键就在于提供对数据的"加工能力"，通过"加工"实现数据的"增值"。因此，整个变革过程中很多企业利用大数据等数智化技术连接最终客户以及感知客户的需求变动，并用大数据分析客户购买行为的特征，从而缩短企业产品创新的进程，并让企业更能满足客户的个性化需求，从而真正实现客户导向和个性化定制，企业资源调配从"流程驱动"转向"数据驱动"。这对企业财务管理提出更高的要求，财务管理作为企业生产经营活动的重要一环，财务的数智化转型决定着企业的数智化转型成功与否，在未来，数据驱动理念和大数据技术的结合或许会给企业经营管理带来更多的惊喜。

　　我相信，本书不但可以作为大数据教学、科研人员的重要资料，而且能培养大家的数据思维、数据洞察、数据挖掘、数据分析等大数据技术的应用能力。

　　新的时代已经到来，我真诚祝愿越来越多的高校能够积极拥抱数字化、智能化浪潮，通过和新兴技术的融合，实现专业升级与教育教学改革，创新发展，迎接更加美好的未来。

新道科技股份有限公司副总裁　刘曙光
2021 年 3 月

前　言

　　自 2014 年以来，"大数据"（Big Data）连续 6 年被写进国务院政府工作报告中。大数据作为继云计算、物联网之后 IT 行业又一颠覆性的技术，备受人们关注。最早提出大数据时代到来的是全球知名咨询公司麦肯锡："数据，已经渗透到当今每一个行业和业务职能领域，成为重要的生产要素。人们对于海量数据的挖掘和运用，预示着新一波生产率增长和消费者盈余浪潮的到来。""大数据"在物理学、生物学、环境生态学等领域以及军事、金融、通信等行业存在已有时日，近年来随着互联网和信息行业的发展而引起人们关注。大数据正日益对全球生产、流通、分配、消费活动，以及经济运行机制、社会生活方式和国家治理能力产生重要影响。维克托·迈尔-舍恩伯格（Viktor Mayer-Schönberger）在《大数据时代》一书中举了百般例证，都是为了说明一个道理：在大数据时代已经到来的时候要用大数据思维去发掘大数据的潜在价值。

　　《中共中央关于制定国民经济和社会发展第十四个五年规划和二〇三五年远景目标的建议》中明确把"加快数字化发展"列为"十四五"时期经济社会发展的主要目标；中共中央、国务院出台文件要求"着力加快培育要素市场，全面提升数据要素价值"。对于一个国家而言，能否紧紧抓住大数据发展机遇，快速形成核心技术和应用参与新一轮的全球化竞争，将直接决定未来若干年世界范围内各国科技力量博弈的格局。大数据专业人才的培养是新一轮科技较量的基础，高等院校承担着培养大数据人才的重任，而当今社会更需要具有数据素养的复合型人才。数据素养是信息素养在大数据时代的拓展和延伸，也是在大数据时代的新环境下，对当代大学生提出的新要求。对大学生进行数据素养教育，可以有效提升大学生的数据意识、数据思维和数据能力，使其在大数据时代获得更好的生存和发展空间。

　　经过前期调研，我们了解到目前国内高等职业院校对于开设大数据通识课程存在很大的需求，但是缺乏大数据方面的入门教材。为顺应时代发展和新时代职业教育需求，助力更多的高职院校把大数据通识课程开设起来，编写团队在大量调研、充分论证的基础上编写了本书。

　　本书是面向高职院校各专业学生作为大数据入门的通识类课程教材。本书主编为姚培荣，副主编为滕延秀。全书共分为七个项目：项目一大数据概述，项目二大数据思维，项目三数据库基础知识，项目四大数据分析技术及相关应用，项目五数据可视化概论，项目六大数据安全，项目七大数据与新一代信息技术的融合应用。整体知识架构从认识大数据入手，围绕其相关技术及其应用领域这一主题，采用深入浅出的叙述方式，简明扼要地阐述了大数据及其相关最新技术的基本理论、关键技术和实际应用，目的是让广大师生以计算机技术为基础，对大数据在各个领域的应用和相关知识有所了解。将大数据相关课程纳入高等教育通识课程体系中，有利于引导学生更好地把握科学发展的脉搏和历史赋予的机遇。

本书在确定知识布局时秉持的一个基本原则是，紧紧围绕大数据通识教育核心理念，努力培养学生的数据意识、数据思维和数据应用能力。在编写原则上，本书保持了大数据本身应有的系统性和理论性，又着重体现其在各个领域的实际应用。本着理论联系实际的教学目标，本书采用项目化、启发式教学，便于读者理解和掌握。全书各项目均附有实际应用案例和测试题，并在教材的最后以附录的形式对大数据常用术语做了注释，方便读者查阅和自学。

本书在撰写过程中，参考了大量文献，对相关知识进行了系统梳理，在此向所有参与编写的同事、朋友表示衷心的感谢。作为校企"双元"合作开发教材，特别感谢帆软软件有限公司和新道科技股份有限公司给予的大力支持，以及企业编写人员王佳倩（帆软软件有限公司）、张昭君（新道科技股份有限公司）的辛苦付出。

由于编者水平有限，加之时间仓促，书中难免存在不足之处，恳请广大读者批评斧正。

本书系山东省 2021 年职业教育教学改革研究项目《1+X 证书制度下高职会计专业群"书证融通、能力本位、职业导向"课程体系构建与实践》（编号：2021178）的阶段性研究成果。

本书系山东省 2021 年职业教育教学改革研究项目《"三教"改革视域下打造优质"双课"，助力职业教育提质培优》（编号：2021413）的阶段性研究成果。

本书为山东省职业教育技艺技能传承创新平台——智能会计技术技能创新平台建设成果。

编者

2021 年 3 月

目 录
CONTENTS

项目一

大数据概述

知识目标
- 熟悉数据的生命周期
- 了解数据战略
- 了解大数据分析
- 了解大数据的应用方向及产业情况

能力目标
- 掌握数据的概念
- 掌握数据的类型
- 掌握大数据的概念
- 掌握大数据的特征及技术

素质目标
能掌握数据与大数据的概念，并准确把握其关联与区别；准确把握大数据的发展趋势。

任务一
数据

一、数据的概念

数据（data）是指对客观事件进行记录并可以鉴别的符号，是对客观事物的性质、状态以及相互关系等进行记载的物理符号或这些物理符号的组合。对数据的含义的理解要把握以下几点：

第一，数据是可识别的、抽象的符号。

第二，数据和信息是不可分离的，数据是信息的表达，信息是数据的内涵。数据本身没有意义，数据只有对实体行为产生影响时才成为信息。因此，数据是信息的表现形式和载体，可以是符号、文字、数字、语音、图像、视频等。

第三，数据可以是连续的值，如声音、图像，称为模拟数据；也可以是离散的值，如符号、文字，称为数字数据。

第四，在计算机系统中，各种字母、数字符号的组合、语音、图形、图像等统称为数据，数据经过加工后就成为信息。在计算机系统中，数据是指所有能输入计算机并被计算机程序处理的符号的介质的总称，是用于输入电子计算机进行处理，具有一定意义的数字、字母、符号和模拟量等的通称。

二、数据的类型

（一）按性质分

数据按性质分为以下几类：

（1）定位数据，如各种坐标数据；

（2）定性数据，如表示事物属性的数据（居民地、河流、道路等）；

（3）定量数据，反映事物数量特征的数据，如长度、面积、体积等几何量或重量、速度等物理量；

（4）定时数据，反映事物时间特性的数据，如年、月、日、时、分、秒等。

（二）按表现形式分

数据按表现形式分为以下几类：

（1）数字数据，如各种统计或测量数据；

（2）模拟数据，由连续函数组成，是指在某个区间连续变化的物理量，又可以分为图形数据（如点、线、面）、符号数据、文字数据和图像数据等，如声音的大小和温度的变化等。

（三）按记录方式分

数据按记录方式分为地图、表格、影像、磁带、纸带等。

（四）按数字化方式分

数据按数字化方式分为矢量数据、格网数据等。

知识拓展

数据的语义特点

数据的表现形式还不能完全表达其内容，需要经过解释，数据和关于数据的解释是不可分的。例如，130 是一个数据，可以是某门课程的成绩，也可以是某个人的体重，还可以是某个班级的人数。数据的解释是指对数据含义的说明，数据的含义称为数据的语义。数据与其语义是不可分的。

三、数据生命周期

数据生命周期指的是数据从创建到销毁的整个过程，通常根据指定的策略将数据组织成各个不同的层，并基于那些关键条件自动地将数据从一个层移动到另一个层。作为一项规则，较新的数据和那些很可能被更加频繁访问的数据，应该存储在更快的，并且更昂贵的存储媒介上，而那些不是很重要的数据则存储在比较便宜的、稍微慢些的媒介上。

基于大数据环境下数据在组织机构业务中的流转情况，我们定义了数据生命周期的 6 个阶段，具体各阶段的定义如下：

（1）数据采集：指新的数据产生或现有数据内容发生显著改变或更新的阶段。对于组织机构而言，数据的采集既包含在组织机构内部系统中生成的数据，也包含组织机构从外部采集的数据。

（2）数据存储：指非动态数据以任何数字格式进行物理存储的阶段。

（3）数据处理：指组织机构在内部针对动态数据进行的一系列活动的组合。

（4）数据传输：指数据在组织机构内部从一个实体通过网络流动到另一个实体的过程。

（5）数据交换：指数据经由组织机构内部与外部组织机构及个人交互过程中提供数据的阶段。

（6）数据销毁：指对数据及数据的存储介质通过相应的操作手段，使数据彻底丢失且无法通过任何手段恢复的过程。

特定的数据所经历的生命周期由实际的业务场景所决定，并非所有的数据都会完整地经历6个阶段。

知识拓展

数据资源使用许可与保密协议

编号（　　）

管理方：

使用方：

数据用途及内容：

我单位承担×××单位的"×××项目"，需向×××申请使用×××数据，为规范×××数据使用，保证数据应用安全，防止数据泄密，特签订如下协议。

一、使用方必须遵守以下使用协议

1. 使用方从×××获取的数据享有受限使用权，仅限于在×××项目工作范围内使用，不得透露给任何第三方。

2. 使用方必须在使用数据所形成的成果的显著位置注明该数据版权的所有者（×××）。

3. 使用方对许可使用的数据不拥有复制、传播、出版、翻译成外国语言等权利，不得以商业目的使用该数据或者开发和生产产品。数据的任何格式或者任何复制品视同原始数据。使用方可根据需要对数据内容进行必要的修改和对数据格式进行转换，但未经许可不得将修改、转换后的数据对外发布和提供，并须将修改、转换的情况及修改、转换的内容向管理方备案。

4. 不得使用数据从事危害国家安全、社会公共利益和他人合法权益的活动。

5. 若使用方违反本协议规定，管理方有权责令使用方停止使用共享数据并归还管理方，且将再复制的该数据及其衍生品全部删除。

6. 在数据使用期限内，管理方有权对使用方数据成果使用情况、数据存储设备管理情况、数据保密管理情况进行检查。管理方如发现存在严重泄密倾向，将有权责令使用方停止使用共享数据，归还数据，将再复制的该数据及其衍生品全部删除。

7. 使用方在数据使用期限（____年__月__日至____年__月__日）结束后须及时归还数据，将再复制的该数据及其衍生品全部删除。

二、使用方必须遵守以下保密协议

1. 使用方必须按国家有关保密法律法规的要求，采取有效的保密措施，确保资料安全，严防丢失泄密。

2. 使用×××项目数据仅限用于申请使用的范围，不得挪作他用。发表论文、报告、讲话等涉及数据内容应书面告知管理方。

3. 使用方在本单位内须严格数据使用管理，控制数据知悉范围，建立专人负责制度，制定领用管理台账，告知使用人员保密要求，并与数据使用人员签订保密承诺书。

4. 使用方必须设置数据专用计算机，专人负责，专机专用。数据专用计算机禁止连接互联网，禁止通过网络传输数据信息。不得将数据或衍生成果在互联网上登载。

三、违约责任

1. 使用方使用×××项目数据违反有关保密规定的，依照《中华人民共和国保密法》《中华人民共和国测绘成果管理规定》等有关法律法规的规定处理。

2. 使用方违反本协议规定的，管理方有权对因此造成的损失要求赔偿；构成犯罪的，由司法机关追究其刑事责任。

3. 因使用方使用或保管数据不当，导致知识产权纠纷或失密事件，由使用方负全部法律责任。

四、本协议一式四份，管理方持三份，使用方持一份，具有相同的法律效力。

五、协议由双方法定代表或代理人签字后生效。

管理方：（盖章）　　　　　　　　　　使用方：（盖章）

法人代表或代理人（签字）　　　　　　法人代表或代理人（签字）

时间：＿＿年＿月＿日　　　　　　　　时间：＿＿年＿月＿日

四、数据战略

随着数字经济在全球加速推进以及 5G、人工智能、物联网等相关技术的快速发展，数据已成为影响全球竞争的关键战略性资源。我们只有获取和掌握更多的数据资源，才能在新一轮的全球话语权竞争中占据主导地位。目前，全球数据量在飞速增长，各国数据战略布局步伐加快。

（一）美国联邦数据战略焦点从"技术"转移到"资源"

自 2012 年以来，美国极力推动大数据领域前沿核心技术的发展和科学工程领域的发明创造，致力于打造有活力的数据创新生态。2019 年，美国白宫行政管理和预算办公室（Office of Management and Budget，OMB）发布《联邦数据战略与 2020 年行动计划》（简称《联邦数据战略》），其核心目标是"将数据作为战略资源开发"。《联邦数据战略》确立

了 40 项数据管理的具体实践目标，包括重视数据并促进共享、保护数据资源、有效使用数据资源三个层次。

（二）欧盟数据战略致力于发展数据敏捷型经济体

数据已成为经济社会发展的重要命脉，欧盟致力于平衡数据流动和广泛使用，希望通过建立单一的数据市场，确保欧洲在未来的数据经济中占据领先地位。2020 年 2 月 19 日，欧盟委员会公布了《欧盟数据战略》，提出了到 2030 年欧洲将成为世界上最具吸引力、最安全、最具活力的数据敏捷型经济体的愿景目标。也就是说，在保持高度的隐私、安全和道德标准的前提下，欧盟充分发掘数据利用的价值造福经济社会，并确保每个人能从数字红利中受益。为推进欧盟数据一体化和提升欧盟国家的市场主体竞争力，《欧盟数据战略》提出了四大支柱性战略措施：一是构建跨部门治理框架，二是加强数据投入，三是提升数据素养，四是构建数据空间。

（三）英国通过数据战略助力经济复苏

2020 年 9 月 9 日，英国数字、文化、媒体和体育部（DCMS）发布《国家数据战略》，支持英国对数据的使用，设定五项"优先任务"，帮助该国经济从疫情中复苏。这五项任务包括：（1）释放数据的价值；（2）确保促进增长和可信的数据体制；（3）转变政府对数据的使用，以提高效率并改善公共服务；（4）确保数据所依赖的基础架构的安全性和韧性；（5）倡导国际数据流动。英国《国家数据战略》还包括设立政府首席数据官，改变政府当前的数据使用方式，以此提高效率并改善公共服务；通过立法提高智慧数据计划的参与度；在支持创新发展的同时，致力于解决当前数据共享中存在的障碍等。

（四）我国政府高度重视大数据的发展

自 2014 年以来，我国国家大数据战略的谋篇布局经历了四个不同阶段。

1. 预热阶段

2014 年，"大数据"一词首次写入国务院政府工作报告，为我国大数据发展的政策环境搭建开始预热。从这一年起，"大数据"逐渐成为各级政府和社会各界的关注热点，中央政府开始提供积极的支持政策与适度宽松的发展环境，为大数据发展创造机遇。

2. 起步阶段

2015 年，国务院正式印发了《促进大数据发展行动纲要》（国发〔2015〕50 号），成为我国发展大数据的首部战略性指导文件，对包括大数据产业在内的大数据整体发展作出了部署，体现出国家层面对大数据发展的顶层设计和统筹布局。

3. 落地阶段

《中华人民共和国国民经济和社会发展第十三个五年规划纲要》的公布标志着国家大数据战略的正式提出，彰显了中央对于大数据战略的重视。2016 年，工信部发布《大数据产业发展规划（2016—2020 年）》，为大数据产业发展奠定了重要的基础。

4. 深化阶段

随着国内大数据迎来全面良好的发展态势，国家大数据战略也开始走向深化阶段。2017年，党的十九大报告中提出推动大数据与实体经济深度融合，为大数据产业的未来发展指明方向。2019年3月，国务院政府工作报告第六次提到"大数据"，并且有多项任务与大数据密切相关。2020年4月，中共中央、国务院发布《关于构建更加完善的要素市场化配置体制机制的意见》，将"数据"与土地、劳动力、资本、技术并称为五种要素，提出"加快培育数据要素市场"。5月18日，中共中央在《关于新时代加快完善社会主义市场经济体制的意见》中进一步提出加快培育发展数据要素市场。这标志着数据要素市场化配置上升为国家战略，将进一步完善我国现代化治理体系，有望对未来经济社会发展产生深远影响。

任务二
大数据

一、大数据的概念

"大数据"概念最早出现在 1980 年，由著名的未来学家阿尔文·托夫勒（Alvin Toffler）在其著作《第三次浪潮》中提出。2009 年，美国互联网数据中心证实大数据时代的来临，而在今天，我们已经能充分感受到大数据的魅力和影响力。许多人看到"大数据"一词，会先入为主地认为大数据就是"大量数据"或者"强大的数据"。其实并非这样，"大"意为："有用的""实用的""有价值的"。关于大数据的确切定义，不同组织从不同角度给出了不同的定义。

全球领先的管理咨询公司麦肯锡给出的大数据定义是："一种规模大到在获取、存储、管理、分析方面大大超出了传统数据库软件工具能力范围的数据集合，具有海量的数据规模、快速的数据流转、多样的数据类型和价值密度低四大特征。"

著名研究机构高德纳咨询公司（Gartner）给出的定义是："大数据是需要新处理模式才能具有更强的决策力、洞察发现力和流程优化能力来适应海量、高增长率和多样化的信息资产。"

全球最大的互联网数据中心（Internet Data Center，IDC）则侧重从技术角度说明其概念："大数据处理技术代表了新一代的技术架构，这种架构通过高速获取数据并对其进行分析和挖掘，从海量且形式各异的数据源中更有效地抽取出富含价值的信息。"

综合各种观点给出大数据的定义：大数据（Big Data）是指无法在一定时间范围内用常规软件工具进行捕捉、管理和处理的数据集合，是需要新处理模式才能具有更强的决策力、洞察发现力和流程优化能力的海量、高增长率和多样化的信息资产。

知识拓展

数据与大数据的区别

传统数据与大数据的区别见表 1-1。

表 1-1　传统数据与大数据的区别

维度	传统数据	大数据
数据格式	结构化数据	非结构化数据＋结构化数据
存储模式	集中存储	分布式存储
计算平台	数据库查询平台有较好的安全机制	分布式计算处理平台几乎没有安全机制
复杂度	相对简单	由于异构性，导致复杂度增加
计算物理环境	以服务器为主，有向云上转移的趋势，有较清晰的边界	云是主要的承载物理平台，但仍有利用物理服务器，边界模糊
保护目标	机密性、完整性、可用性	机密性、完整性、可用性，同时要进一步考虑数据的真实性
数据库结构	SQL	SQL＋NoSQL
软件栈	C++为主	Java为主
主流规模	1~10 台	3~1 000 台，最高可支持上万台
包含的内容	集中存储、查询	存储、查询、计算、ETL、分布式应用程序协调服务

二、大数据，到底有多大

我们传统的个人电脑处理的数据是 GB/TB 级别。例如，我们的硬盘现在通常是 1 TB/2 TB/4 TB 的容量。

TB、GB、MB、KB 的关系，大家应该都很熟悉了：

1 KB（KB-kilobyte）＝1 024 B

1 MB（MB-megabyte）＝1 024 KB

1 GB（GB-gigabyte）＝1 024 MB

1 TB（TB-terabyte）＝1 024 GB

而大数据是什么级别呢？PB 或 EB 级别。

大部分人都没听过这两个级别，其实也就是继续翻 1 024 倍：

1 PB（PB-petabyte）＝1 024 TB

1 EB（EB-exabyte）＝1 024 PB

只是看这几个字母的话，貌似不是很直观。举例说明：

1 TB，只需要一块硬盘就可以存储，容量大约是 20 万张照片或 20 万首 MP3 音乐，或者是 631 903 部《红楼梦》小说。普通硬盘如图 1-1 所示。

图1-1 普通硬盘

1 PB，需要大约2个机柜的存储设备。容量大约是2亿张照片或2亿首 MP3 音乐。如果一个人不停地听这些音乐，可以听上千年。2个机柜如图1-2所示。

图1-2 2个机柜

1 EB，需要大约2 000个机柜的存储设备。如果并排放这些机柜，可以连绵1.2千米那么长。如果摆放在机房里，需要21个标准篮球场那么大的机房才能放得下。21个篮球场如图1-3所示。

阿里、百度、腾讯这样的互联网巨头，数据量据说已经接近 EB 级。阿里数据中心内景如图1-4所示。

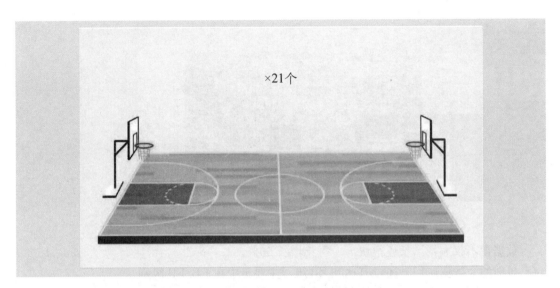

图 1－3　21 个篮球场

图 1－4　阿里数据中心内景

EB 还不是最大的。目前全人类的数据量是 ZB 级。

1 ZB（ZB-zettabyte）＝1 024 EB

2011 年，全球被创建和复制的数据总量是 1.8 ZB。而到了 2020 年，全球电子设备存储的数据将达到 35 ZB。如果建一个机房来存储这些数据，那么这个机房的面积将比 42 个鸟巢体育场还大。鸟巢如图 1－5 所示。

×42个

图1-5 鸟巢

数据量不仅大，增长还很快——每年增长50%。

目前的大数据应用，还没有达到ZB级，主要集中在PB/EB级别。

下面回顾一下人类社会数据产生的几个重要阶段。大致来说，有三个重要的阶段：

第一个阶段，就是计算机被发明之后的阶段。尤其是数据库被发明之后，数据管理的复杂度大大降低，各行各业开始产生了数据，从而被记录在数据库中。这时的数据以结构化数据为主，数据的产生方式也是被动的。世界上第一台通用计算机——ENIAC如图1-6所示。

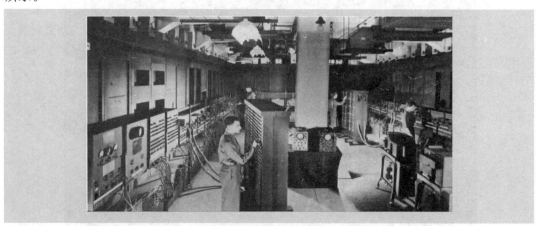

图1-6 世界上第一台通用计算机——ENIAC

第二个阶段，是伴随着互联网2.0时代出现的。互联网2.0的最重要标志，就是用户原创内容。随着互联网和移动通信设备的普及，人们开始使用博客、facebook、YouTube这样的社交网络，从而主动产生了大量的数据。facebook社交网络如图1-7所示。

第三个阶段，是感知式系统阶段。随着物联网的发展，各种各样的感知层节点开始自动产生大量的数据，例如遍布世界各个角落的传感器、摄像头。摄像头采集数据如图1-8所示。

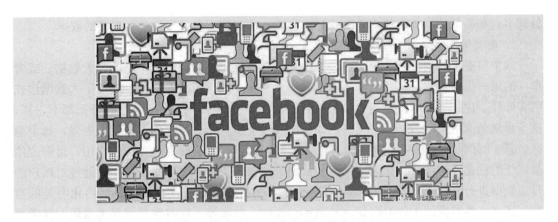

图 1 - 7　facebook 社交网络

图 1 - 8　摄像头采集数据

经过了"被动—主动—自动"这三个阶段的发展，人类数据总量极速膨胀。

三、大数据的特征

目前来说，关于大数据的特征还存在一定的争议。业界通常用 4 个 V，即数据量大（volume）、类型繁多（variety）、价值密度低（value）和高速性（velocity）来概括大数据的特征。

1. 数据量大

大数据的特征首先体现为"大"，非结构化数据的超大规模增长导致数据集合的规模不断扩大，数据单位已经从 GB 级到 TB 级再到 PB 级，甚至开始以 EB 级和 ZB 级来计数。只有数据体量达到 PB 级别以上，才能被称为大数据。1 PB 等于 1 024 TB，1 TB 等于 1 024 G，那么 1 PB 等于 1 024×1 024 个 G 的数据。随着信息技术的高速发展，数据开始爆发性增长。社交网络（微博、推特、脸书）、移动网络、各种智能工具、服务工具等，都成为数据的来源。淘宝网近 4 亿的会员每天产生的商品交易数据约 20 TB；脸书约 10 亿的用户每天产生的日志数据超过 300 TB。因此，人们迫切需要智能的算法、强大的数据

处理平台和新的数据处理技术，来统计、分析、预测和实时处理如此大规模的数据。

2. 类型繁多

如果只有单一的数据，那么这些数据就没有了价值，比如只有单一的个人数据，或者单一的用户提交数据，这些数据还不能称为大数据。广泛的数据来源，决定了大数据形式的多样性。比如当前的上网用户中，年龄、学历、爱好、性格等每个人的特征都不一样，这个也就是大数据的多样性。当然，如果扩展到全国，那么数据的多样性会更强，每个地区、每个时间段，都会存在各种各样的数据。任何形式的数据都可以产生作用，目前应用最广泛的就是推荐系统，如淘宝、网易云音乐、今日头条等，这些平台都会通过对用户的日志数据进行分析，从而进一步向用户推荐其喜欢的东西。日志数据是结构化明显的数据，还有一些数据结构化不明显，如图片、音频、视频等，这些数据因果关系弱，就需要人工对其进行标注。

3. 价值密度低

这也是大数据的核心特征。现实世界所产生的数据中，有价值的数据所占比例很小。相比于传统的小数据，大数据最大的价值在于通过从大量不相关的各种类型的数据中，挖掘出对未来趋势与模式预测分析有价值的数据，并通过机器学习方法、人工智能方法或数据挖掘方法深度分析，发现新规律和新知识。如果你有 1 PB 以上的全国所有 20～35 岁年轻人的上网数据，那么它自然就有了商业价值，比如通过分析这些数据，我们就能知道这些人的爱好，进而指导产品的发展方向等。如果有了全国几百万病人的数据，根据这些数据进行分析就能预测疾病的发生。这些都是大数据的价值。大数据运用广泛，如运用于农业、金融、医疗等各个领域，从而最终达到改善社会治理、提高生产效率、推进科学研究的效果。

4. 高速性

高速性就是指对数据的逻辑处理速度非常快，可从各种类型的数据中快速获得高价值的信息，这一点和传统的数据挖掘技术有着本质的不同。大数据的产生非常迅速，主要通过互联网传输。生活中，每个人都离不开互联网，也就是说每个人每天都在向大数据提供大量的资料。另外，这些数据是需要及时处理的，因为花费大量资本去存储作用较小的历史数据是非常不划算的，对于一个平台而言，也许保存的数据只有过去几天或一个月之内产生的，再久远的数据就要及时清理，不然代价太大。基于这种情况，大数据对处理速度有非常严格的要求，服务器中大量的资源都用于处理和计算数据，很多平台都需要做到实时分析。数据无时无刻不在产生，谁的速度更快，谁就有优势。随着大数据继续渗透到我们的日常生活中，围绕大数据的研究正在转向实际使用中的真正价值。

四、大数据的内涵理解

大数据是一门技术，也是一种全新的商业模式，代表着一种思维方式。它是大规模数据的集合体，更是数据对象、集成技术、分析应用、商业模式、思维创新的统一体。

1. 从对象角度来看，大数据是数据规模超出传统数据库处理能力的数据集合

大数据对象既可能是实际的、有限的数据集合，也可能是虚拟的、无限的数据集合。目前，数据的发展演进已由数据库时代走向大数据时代，数据量处于 TB 级，乃至 PB 级，甚至更高。但是，大数据并非大量数据简单、无意义的堆积，而是在数据之间存在或远或近、或直接或间接的关联性，具有分析挖掘的价值，并且数据集中储存和计算已经达到传统数据库软件无法处理的巨大数据量，具有非结构化数据无固定格式、变化多、并发高、增长速度快等特性。传统数据库研究讲究因果关系，强调的是数据精确性，而大数据研究则侧重于相关性，强调挖掘不同事物间的相关性，并以此作为各类判断的依据。此外，大数据使运算更依赖于数据而不是算法，较多的数据对结果的影响要好于一般统计数据。

2. 从技术角度来看，大数据是从海量数据中快速获得有价值信息的技术

大数据技术涉及数据采集、存储、管理、分析挖掘、可视化等技术及其集成。该技术可以从凌乱纷繁的数据背后找到更符合用户兴趣和习惯的产品和服务，并对产品和服务进行针对性的调整和优化。传统数据库软件在应对大数据多样化格式上较为吃力，其存储、计算也难以获得满意效果，因此并不适用于大数据分析，需要革新性的大数据技术来解决这些问题。现在常用的大数据技术包括：批量分布式并行计算 Hadoop 技术、实时分布式高吞吐高并发数据存取处理 NoSQL 技术、利用廉价服务器搭建高容错性并行计算架构技术等，涉及数据聚类、数据挖掘、分布式处理各领域。

3. 从应用角度来看，大数据是对特定数据集合应用相关技术获得价值的行为

大数据有着旺盛的应用需求和广阔的使用前景，该技术可以释放商业价值，使数据更加透明，具有极强的行业应用需求特性。通过数据分析，企业能够了解不同市场之间的关联，发现新的产品和服务。企业可以将大数据分析技术用于在市场或行业内创造竞争优势，开拓新的商业机会。正因为与具体应用紧密联系，甚至是一对一的联系，"应用"才成为大数据不可或缺的内涵之一。

4. 从商业模式角度来看，大数据是企业获得商业价值的业务创新方向

大数据资源与技术的工具化运用，推动大数据产业链形成，以大数据为中心的扩张引发行业的跨界与融合。大数据使得企业在价值主张、关键业务与流程、收益模式等方面发生转变，向着全数据模式演进，以利用数据价值为核心，新型商业模式不断涌现。企业在制定大数据业务战略时，需要分析自身业务基础和数据能力，选择适合的大数据商业模式。根据彭博创投（Bloomberg Venture）发布的大数据产业地图 2.0 版本，大数据产业可划分为 6 大类，共 38 种产品/商业模式，分别是大数据基础设施类、大数据分析类、大数据应用类、大数据数据源类、跨基础设施分析、开源项目。

5. 从思维方式来看，大数据是从第三范式中分离出来的一种科研范式

科学研究的第一范式是实验归纳，第二范式是模型推演，第三范式是计算机仿真模拟，第四范式是密集数据分析。图灵奖获得者吉姆·格雷（Jim Gray）基于 e-Science 的思路提出：大数据是科学研究的第四范式，即以大数据为基础的数据密集型科研。之所以将大数据科研从第三范式中分离出来，是因为其研究方式不同于基于数学模型的传统研究方

式。PB级数据使得人们可以做到没有模型和假设就分析数据。将数据输入巨大的计算机机群中，只要有相互关系的数据，统计分析算法就可以发现传统科学方法发现不了的新模式、新知识，甚至新规律。科研第四范式不仅是科研方式的转变，也是人们思维方式的大变化。

五、大数据分析

大数据，表面上看就是大量复杂的数据，这些数据本身的价值并不高，但是对这些大量复杂的数据进行分析处理后，却能从中提炼出很有价值的信息。对大数据的分析，主要分为五个方面：可视化分析（Analytic Visualization）、数据挖掘算法（Date Mining Algorithms）、预测性分析能力（Predictive Analytic Capabilities）、语义引擎（Semantic Engines）和数据质量管理（Data Quality Management）。

可视化分析是普通消费者常常可以见到的一种大数据分析结果的表现形式，比如说百度制作的"百度地图春节人口迁徙大数据"就是典型的案例之一。可视化分析将大量复杂的数据自动转化成直观形象的图表，使其能够更加容易地被普通消费者所接受和理解。

数据挖掘算法是大数据分析的理论核心，其本质是一组根据算法事先定义好的数学公式，将收集到的数据作为参数变量带入其中，从而能够从大量复杂的数据中提取到有价值的信息。著名的"啤酒和尿布"的故事就是数据挖掘算法的经典案例。沃尔玛通过对啤酒和尿布购买数据的分析，挖掘出以前未知的两者间的联系，并利用这种联系，提升了商品的销量。亚马逊的推荐引擎和谷歌的广告系统都大量使用了数据挖掘算法。

预测性分析能力是大数据分析最重要的应用领域。从大量复杂的数据中挖掘出规律，建立起科学的事件模型，通过将新的数据带入模型，就可以预测未来的事件走向。预测性分析能力常常被应用在金融分析和科学研究领域，用于股票预测或气象预测等。

语义引擎是机器学习的成果之一。过去，计算机对用户输入内容的理解仅仅停留在字符阶段，不能很好地理解输入内容的意思，因此常常不能准确地了解用户的需求。通过对大量复杂的数据进行分析，计算机从中自我学习，能够尽量精确地了解用户输入内容的意思，从而把握住用户的需求，提供更好的用户体验。苹果的 Siri 和谷歌的 Google Now 都采用了语义引擎。

数据质量管理是大数据在企业领域的重要应用。为了保证大数据分析结果的准确性，需要将大数据中不真实的数据剔除掉，保留最准确的数据。这就需要建立有效的数据质量管理系统，分析收集到的大量复杂的数据，挑选出真实有效的数据。

任务三
大数据时代

一、大数据时代概述

数据来源的极大丰富和数据体量的爆炸性增长促使大数据出现并得到广泛的应用。

大数据正以前所未有的速度，颠覆人们探索世界的方法，驱动产业间的融合与分立。各领域新技术、新工艺、新材料的不断出现，引领着各种新思维和新变革的产生，改变着人们的工作、学习和生活。智能终端的快速普及、通信网络的升级换代、应用程序的丰富多彩、海量数据的深入分析使得移动互联网的发展正在逐步超过传统互联网。而云计算和物联网技术的出现带来了服务交付模式、商业应用模式、设备之间互联互通、处理规模与能力的创新与提高。由于这些新技术的不断发展和成熟，客观上为大数据的产生奠定了基础，从而揭开了大数据时代的序幕。

大数据时代是建立在对互联网、物联网等渠道广泛、大量数据资源收集基础上的数据存储、价值提炼、智能处理和分发的信息时代。

无论从数据规模和结构，还是对社会生活和生产的影响来看，当下都已全面进入大数据时代。

二、大数据时代下大数据的应用方向

大数据成为时代发展一个必然的产物，大数据时代，一切可量化，一切可分析。大数据不仅意味着海量、多样、迅捷的数据处理，更是一种颠覆的思维方式、一项智能的基础设施、一场创新的技术变革。物联网、智慧城市、增强现实（AR）与虚拟现实（VR）、区块链技术、语音识别技术、人工智能（AI）、数字汇流是大数据未来应用的七大发展方向。

1. 物联网

物联网是把所有物品通过信息传感设备与互联网连接起来，进行信息交换，即物物相息，以实现智能化识别和管理。

17

知识拓展

大数据的发展趋势

大数据的发展趋势如图 1-9 所示。

趋势一 → 数据的资源化：是指大数据成为企业和社会关注的重要战略资源，并已成为大家争相抢夺的新焦点。因而，企业必须提前制定大数据战略，抢占市场先机。

趋势二 → 与云计算的深度结合：大数据离不开云处理。云处理为大数据提供了弹性可扩展的基础设施，是产生大数据的平台之一。自2013年开始，大数据技术已开始和云计算技术紧密结合，预计未来两者关系将更为密切。

趋势三 → 科学理论的突破：如同计算机和互联网，大数据很有可能是新一轮的技术革命。随之兴起的数据挖掘、机器学习和人工智能等相关技术，可能会改变数据世界里的很多算法和基础理论，实现科技上的突破。

趋势四 → 数据科学和数据联盟的成立：未来，数据科学将成为一门专门的学科，被越来越多的人所认知。各大高校将设立专门的数据科学类专业，也会催生一批与之相关的新的就业岗位。

趋势五 → 数据泄露泛滥：未来几年数据泄露事件的增长率也许会达到100%，除非数据在其源头就能得到安全保障。可以说，未来的每个"财富500强"企业都会面临数据攻击。而所有企业，都需要重新审视今天的安全定义。

趋势六 → 数据管理成为核心竞争力：数据管理成为核心竞争力，直接影响财务表现。当"数据资产是企业核心资产"的概念深入人心之后，企业将持续发展数据管理能力，规划与运用数据资产，成为企业数据管理的核心。

趋势七 → 数据质量是业务成功的关键：大数据处理能力更强的企业将更具优势。但数据源带来的海量低质量数据形成巨大挑战。企业需要理解原始数据与加工数据之间的差距，消除低质量并通过商业智能（BI）获得的最佳决策。

趋势八 → 数据生态系统复合化程度加强：未来，大量大数据活动构件与多元参与者元素复合成大数据生态系统，终端设备提供商、基础设施提供商、网络服务提供商、数据服务使用者、数据服务提供商等将无一缺席。

图 1-9　大数据的发展趋势

物联网是新一代信息技术的重要组成部分，也是"信息化"时代的重要发展阶段。

物联网的核心和基础仍然是互联网，是在互联网基础上的延伸和扩展的网络；其用户端延伸和扩展到了任何物品与物品之间，进行信息交换和通信，也就是物物相息。物联网用途广泛，遍及智能交通、环境保护、政府工作、公共安全、平安家居、智能消防、工业监测、环境监测、路灯照明管控、景观照明管控、楼宇照明管控、广场照明管控、老人护理、个人健康、花卉栽培、水系监测、食品溯源、敌情侦查和情报搜集等多个领域。

2. 智慧城市

智慧城市就是运用信息和通信技术手段感测、分析、整合城市运行核心系统的各项关键信息，对包括民生、环保、公共安全、城市服务、工商业活动在内的各种需求做出智能响应。其实质是利用先进的信息技术，实现城市智慧式管理和运行，进而为城市中的人创造更美好的生活，促进城市的和谐、可持续成长。这项趋势的成败取决于数据量是否足够，这有赖于政府部门与民营企业的合作。

一般来说，智慧城市包括十大智慧体系，分别为：智慧物流体系、智慧制造体系、智慧贸易体系、智慧能源应用体系、智慧公共服务、智慧社会管理体系、智慧交通体系、智慧健康保障体系、智慧安居服务体系、智慧文化服务体系。

3. 增强现实（AR）与虚拟现实（VR）

增强现实（Augmented Reality，AR）技术是一种实时地计算摄影机影像的位置及角度并加上相应图像、视频、3D模型的技术，这种技术的目标是在屏幕上把虚拟世界套在现实世界并进行互动。

AR技术应用领域非常广泛，诸如尖端武器和飞行器的研制与开发、数据模型的可视化、虚拟训练、娱乐与艺术等领域。AR技术由于具有能够对真实环境进行增强显示输出的特性，因此在医疗研究与解剖训练、精密仪器制造和维修、军用飞机导航、工程设计和远程机器人控制等领域，具有比VR技术更加明显的优势。随着随身电子产品CPU运算能力的提升，增强现实的用途将会越来越广。

虚拟现实（Virtual Reality，VR）技术是一种能够创建和体验虚拟世界的计算机仿真技术，它利用计算机生成一种交互式的三维动态视景，其实体行为的仿真系统能够使用户沉浸到该环境中。虚拟现实技术是一种可以创建和体验虚拟世界的计算机仿真系统，它利用计算机生成一种模拟环境，是一种多源信息融合的、交互式的三维动态视景和实体行为的仿真系统，能够使用户沉浸到该环境中。

VR技术应用一开始以电玩为主，现在的应用却超越电玩，可以用来教学。VR技术已不仅仅被应用于计算机图像领域，它已涉及更广的领域，如电视会议、网络技术和分布计算技术，并向分布式虚拟现实发展。虚拟现实技术已成为新产品设计开发的重要手段，如地产漫游（在虚拟现实系统中自由行走、任意观看，冲击力强，能使客户获得身临其境的真实感受，促进了合同签约的速度）、网上看房（租售阶段用户通过互联网身临其境地

了解项目的周边环境、空间布置、室内设计）等。

4. 区块链技术

区块链技术（Blockchain Technology，BT），也被称为分布式账本技术，是一种互联网数据库技术，其特点是去中心化、公开透明，让每个人均可参与数据库记录。

区块链技术是一种全民参与记账的方式。所有的系统背后都有一个数据库，用户可以把数据库看成一个大账本。

区块链有很多不同的应用方式，美国几乎所有科技公司都在尝试如何应用，最常见的应用是比特币跟其他加密货币的交易。

5. 语音识别技术

语音识别技术就是让机器通过识别和理解过程把语音信号转变为相应的文本或命令的高技术。与机器进行语音交流，让机器明白你说什么，这是人们长期以来梦寐以求的事情。中国物联网校企联盟形象地把语音识别比作为"机器的听觉系统"。语音识别技术主要包括特征提取技术、模式匹配准则及模型训练技术三个方面。

语音识别在移动终端上的应用最为火热，语音对话机器人、语音助手、互动工具等层出不穷。

目前，国外的应用一直以苹果的 siri 为龙头。而国内方面，盛大、捷通华声等系统都采用了最新的语音识别技术，市面上其他相关的产品也直接或间接地嵌入了类似的技术。

预计未来 10 年内，语音识别技术将进入工业、家电、通信、汽车电子、医疗、家庭服务、消费电子产品等各个领域。

6. 人工智能（AI）

人工智能（Artificial Intelligence，AI）是研究、开发用于模拟、延伸和扩展人的智能的理论、方法、技术及应用系统的一门新的技术科学。

人工智能是计算机科学的一个分支，它试图了解智能的实质，并生产出一种新的能以人类智能相似的方式做出反应的智能机器。该领域的研究包括机器人、语言识别、图像识别、自然语言处理和专家系统等。

用途范围：机器翻译，智能控制，专家系统，机器人学，语言和图像理解，自动程序设计，航天应用，庞大的信息处理，储存与管理，执行生命体无法执行的或复杂或规模庞大的任务等。

7. 数字汇流

数字汇流是对未来冲击最大的一项趋势，就是将上述六项趋势合并起来的效果。

例如，84 亿个物联网设备可用区块链技术加强安全性；智慧城市通过物联网就能产生海量数据，这些数据需要由人工智能进行分析；虚拟现实和语音识别也需要通过人工智能不断学习。这些科技发展息息相关、相辅相成，所以数字汇流是最重要的趋势。

三、大数据时代下大数据技术

大数据技术起源于 2000 年前后互联网的高速发展。伴随着时代背景下数据特征的不断演变以及数据价值释放需求的不断增加，大数据技术已逐步演进为针对大数据的多重数据特征，围绕数据存储、处理计算的基础技术，同配套的数据治理、数据分析应用、数据安全流通等助力数据价值释放的周边技术组合起来而形成的整套技术生态。

如今，大数据技术的内涵伴随着大数据时代的发展产生了一定的演进和拓展，从基本的面向海量数据的存储、处理、分析等需求的核心技术延展到相关的管理、流通、安全等其他需求的周边技术，逐渐形成了一整套大数据技术体系，成为数据能力建设的基础设施。伴随着技术体系的完善，大数据技术开始向着降低成本、增强安全的方向发展。

1. 大数据基础技术

大数据基础技术为应对大数据时代的多种数据特征而产生。在大数据时代，数据量大、数据源异构多样、数据实效性高等特征催生了高效完成海量异构数据存储与计算的技术需求。在这样的需求下，面对迅速而庞大的数据量，传统关系型数据库单机的存储及计算性能有限，出现了规模并行化处理（Massively Parallel Processing，MPP）的分布式计算架构；面向海量网页内容及日志等非结构化数据，出现了基于 Apache Hadoop 和 Spark 生态体系的分布式批处理计算框架；面向对时效性数据进行实时计算反馈的需求，出现了 Apache Storm、Flink 和 Spark Streaming 等分布式数据流处理计算框架。

2. 数据管理类技术

数据管理类技术提升数据质量与可用性。在较为基本和急迫的数据存储、计算需求已在一定程度上得到满足后，如何将数据转化为价值成为下一个最主要需求。最初，企业与组织内部的大量数据因缺乏有效的管理，普遍存在着数据质量低、获取难、整合不易、标准混乱等问题，使得数据后续的使用存在众多障碍。在此情况下，用于数据整合的数据集成技术，以及用于实现一系列数据资产管理职能的数据管理技术随之出现。

3. 数据分析应用技术

数据分析应用技术发掘数据资源的内蕴价值。在拥有充足的存储计算能力以及高质量可用数据的情况下，如何将数据中蕴涵的价值充分挖掘并同相关的具体业务结合以实现数据的增值成为关键。用以发掘数据价值的数据分析应用技术，包括简单统计分析与可视化展现技术，以及以传统机器学习、基于深度神经网络的深度学习为基础的挖掘分析建模技术纷纷涌现，帮助用户发掘数据价值并进一步将分析结果和模型应用于实际业务场景中。

4. 数据安全流通技术

数据安全流通技术助力安全合规的数据使用及共享。在数据价值释放的同时，数据安全问题也愈加凸显，数据泄露、数据丢失、数据滥用等安全事件层出不穷，对国家、企业和个人用户造成了恶劣影响。如何应对大数据时代下严峻的数据安全威胁，在安全合规的前提下共享及使用数据成为备受瞩目的问题。访问控制、身份识别、数据加密、数据脱敏等传统数据保护技术正积极地向更加适应大数据场景的方向不断发展，同时，侧重于实现安全数据流通的隐私计算技术也成为热点发展方向。

经典案例

通信大数据行程卡有效助力疫情防控

2020 年 2 月，在工业和信息化部领导下，中国信息通信研究院、中国电信、中国移动、中国联通共同推出"通信大数据行程卡"，并在国务院客户端微信小程序上线，为全国 16 亿手机用户免费提供 14 天内所到地市信息的查询服务。

通信大数据行程卡的技术原理是分析手机"信令数据"，获取用户设备所在位置信息。信令数据的采集、传输和处理过程自动化，有严格的安全隐私保障机制，不与其他个人信息进行匹配，查询结果实时可得且数据全国通用。行程卡 App 2.0 版本还引入了低功耗蓝牙技术（BLE），为用户提供新冠肺炎密切接触者追踪提醒功能。截至 2020 年 11 月，累计查询量已超过 42 亿次。

四、大数据时代下大数据产业

理解大数据产业，首先要搞清楚大数据技术、大数据资源和大数据产业的关系。大数据技术是指采集、获取、汇聚、处理数据的技术总称，包括数据的采集、数据预处理、分布式存储、数据库、数据仓库、机器学习、并行计算、可视化等；而大数据资源是指数据本身，是从资源利用的角度出发的，主要关心数据从哪里来、如何确权、如何治理、如何共享、如何交易流通、如何分析利用等问题。大数据产业则利用大数据技术作用于大数据资源，解决产业化落地问题。大数据产业趋势图如图 1－10 所示。

因此，大数据产业是以大数据技术为基础对数据进行生产、采集、储存、加工、分析、服务为主的相关经济活动，包括数据资源建设，大数据软硬件产品的开发、销售和租赁活动，以及相关信息技术服务。之所以能够形成大数据产业，主要原因是大数据是一种生产要素。在数字经济时代，数据如同农业经济时代和工业经济时代中的土地、劳动力、资本和石油一样成为关键生产要素。数据所蕴含的巨大创新价值，对于商业模式创新、产业数字化转型、经济高质量发展、治理能力现代化乃至重大科学发现都是必不可少的。

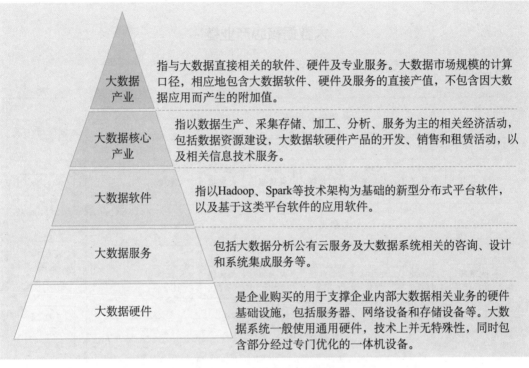

图 1-10　大数据产业趋势图

资料来源：北大纵横管理咨询集团。

随着人类社会步入数据驱动的数字经济时代，数据要素进一步提升了全要素生产率。在数字社会，数据具有基础性战略资源和关键性生产要素的双重角色。一方面，有价值的数据资源是生产力的重要组成部分，是催生和推动众多数字经济新产业、新业态、新模式发展的基础。另一方面，数据区别于以往生产要素的突出特点是对其他要素资源的乘数作用，可以放大劳动力、资本等要素在社会各行业价值链流转中产生的价值。善用数据生产要素，解放和发展数字化生产力，有助于推动数字经济与实体经济深度融合，实现高质量发展。

"十三五"以来，我国大数据蓬勃发展，融合应用不断深化，数字经济量质提升，对经济社会的创新驱动、融合带动作用显著增强。工业和信息化部运行监测协调局发布的数据显示，2019 年我国以云计算、大数据技术为基础的平台类运营技术服务收入 2.2 万亿元，其中，典型云服务和大数据服务收入达 3 284 亿元，提供服务的企业达 2 977 家，大数据产业发展日益壮大[①]。

---

① 数据来源于中国信息通信研究院《大数据白皮书（2020 年）》。

大数据核心产业链

大数据核心产业链如图 1-11 所示。

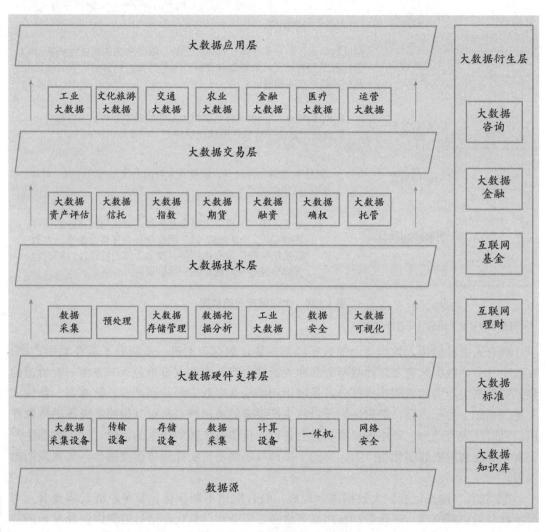

图 1-11 大数据核心产业链

资料来源：北大纵横管理咨询集团。

项目小结

　　人类已经步入大数据时代，我们的生活被数据"环绕"，并被数据深刻变革。作为大数据时代的公民，我们应该接近数据，了解数据，并利用好数据。因此，本项目首先从数据入手，讲解了数据的概念、类型、生命周期等内容；然后，切入大数据时代，介绍了大数据时代到来的背景及其发展历程，同时总结了世界各国的大数据发展战略；接下来，讨论了大数据时代大数据的应用方向及大数据技术；最后，简要介绍了大数据在不同领域的应用和大数据产业。

实训练习

应知考核

一、单项选择题

1.（　　）指对客观事件进行记录并可以鉴别的符号，是对客观事物的性质、状态以及相互关系等进行记载的物理符号或这些物理符号的组合。

A. 数据　　　　　　　B. 数字　　　　　　　C. 文字　　　　　　　D. 信息

2.（　　）是信息的表现形式和载体，可以是符号、文字、数字、语音、图像、视频等。

A. 字母　　　　　　　B. 数字　　　　　　　C. 数据　　　　　　　D. 信息

3.（　　）指新的数据产生或现有数据内容发生显著改变或更新的阶段。

A. 数据采集　　　　　B. 数据存储　　　　　C. 数据处理　　　　　D. 数据传输

4.（　　）指非动态数据以任何数字格式进行物理存储的阶段。

A. 数据采集　　　　　B. 数据存储　　　　　C. 数据处理　　　　　D. 数据传输

5.（　　）指组织机构在内部针对动态数据进行的一系列活动的组合。

A. 数据采集　　　　　B. 数据存储　　　　　C. 数据处理　　　　　D. 数据传输

6.（　　）指数据在组织机构内部从一个实体通过网络流动到另一个实体的过程。

A. 数据采集　　　　　B. 数据存储　　　　　C. 数据处理　　　　　D. 数据传输

7.（　　）指数据经由组织机构内部与外部组织机构及个人交互过程中提供数据的

阶段。

    A. 数据采集　　　　B. 数据交换　　　　C. 数据处理　　　　D. 数据传输

8. （　　）指对数据及数据的存储介质通过相应的操作手段，使数据彻底丢失且无法通过任何手段恢复的过程。

    A. 数据采集　　　　B. 数据交换　　　　C. 数据处理　　　　D. 数据销毁

9. 大数据最明显的特点是（　　）。

    A. 数据体量大　　　B. 数据类型繁多　　C. 价值密度低　　　D. 处理速度快

10. 数据的（　　）是大数据区分于传统数据挖掘的显著特征。

    A. 数据体量大　　　B. 数据类型繁多　　C. 价值密度低　　　D. 处理速度快

11. （　　）是大数据分析最重要的应用领域。

    A. 可视化分析　　　B. 语义引擎　　　　C. 预测性分析能力　D. 数据质量管理

12. （　　）是机器学习的成果之一。

    A. 可视化分析　　　B. 语义引擎　　　　C. 预测性分析能力　D. 数据质量管理

二、多项选择题

1. 数据按性质分为（　　）。

    A. 定位数据　　　　B. 定性数据　　　　C. 定量数据　　　　D. 定时数据

2. 数据按表现形式分为（　　）。

    A. 定位数据　　　　B. 数字数据　　　　C. 模拟数据　　　　D. 定时数据

3. 数据按记录方式分为（　　）。

    A. 表格　　　　　　B. 影像　　　　　　C. 磁带　　　　　　D. 纸带

4. 数据按数字化方式分为（　　）。

    A. 定位数据　　　　B. 定性数据　　　　C. 矢量数据　　　　D. 格网数据

5. 《联邦数据战略》确立了40项数据管理的具体实践目标，包括（　　）三个层次。

    A. 重视数据并促进共享　　　　　　　B. 保护数据资源

    C. 有效使用数据资源　　　　　　　　D. 推进数据的流动

6. 《欧盟数据战略》提出了四大支柱性战略措施，指的是（　　）。

    A. 构建跨部门治理框　　　　　　　　B. 加强数据投入

    C. 提升数据素养　　　　　　　　　　D. 构建数据空间

7. 大数据的特征包括（　　）。

    A. 数据体量大　　　B. 数据类型繁多　　C. 价值密度低　　　D. 处理速度快

8. 语音识别技术主要包括（　　）。

    A. 特征提取技术　　B. 模式匹配准则　　C. 模型训练技术　　D. 数据提取技术

三、判断题

1. 数据本身没有意义，数据只有在对实体行为产生影响时才成为信息。（　　）

2. 数据只能是连续的值，不可以是离散的。（　　）

3. 大数据是指无法在一定时间范围内用常规软件工具进行捕捉、管理和处理的数据

集合，是需要新处理模式才能具有更强的决策力、洞察发现力和流程优化能力的海量、高增长率和多样化的信息资产。（　　）

4. 大数据更强调批量式分析而非实时分析。（　　）

5. 大数据对象既可能是实际的、有限的数据集合，也可能是虚拟的、无限的数据集合。（　　）

6. 苹果的 Siri 和谷歌的 Google Now 都采用了语义引擎。（　　）

应会考核

1. 阐述数据的类型。

2. 阐述大数据的特征。

3. 阐述大数据的应用。

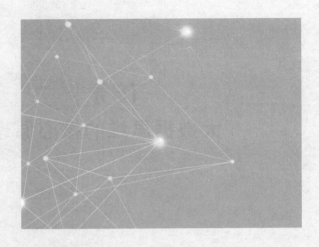

项目二

大数据思维

知识目标
- 熟悉大数据思维的核心原理
- 熟悉大数据思维的三个维度
- 了解运用大数据思维的典型案例

能力目标
- 掌握大数据思维的三个维度
- 掌握大数据的思维方式

素质目标
通过本项目的学习,学生应该具备大数据思维。

任务一
大数据思维的核心原理①

一、数据核心原理

在大数据时代，计算模式发生了转变，从"流程"核心转变为"数据"核心。非结构化数据及分析需求，将改变 IT 系统的升级方式：从简单增量到架构变化。例如，IBM 将使用以数据为中心的设计，目的是降低在超级计算机之间进行大量数据交换的必要性。大数据下，云计算找到了破茧重生的机会，在存储和计算上都体现了以数据为核心的理念。大数据和云计算的关系：云计算为大数据提供了有力的工具和途径，大数据为云计算提供了很有价值的用武之地。而大数据比云计算更为实用，可有效利用已大量建设的云计算资源。

科学进步越来越多地由数据来推动，海量数据给数据分析既带来了机遇，也构成了新的挑战。大数据往往是利用众多技术和方法，综合源自多个渠道、不同时间的信息而获得的。为了应对大数据带来的挑战，我们需要新的统计思路和计算方法。

以数据为核心，反映了当下 IT 产业的变革，数据成为人工智能的基础，也成为智能化的基础，数据比流程更重要，从数据库、记录数据库中都可以开发出深层次信息。云计算可以从数据库、记录数据库中搜索出你是谁，你需要什么，从而推荐给你需要的信息，这是大数据核心的典型体现。

二、数据价值原理

非互联网时期的产品，功能是它的价值；当今互联网时期的产品，数据是它的价值。大数据并不在"大"，而在于"有用"，价值含量、挖掘成本比数量更为重要。不管大数据的核心价值是不是预测，但是基于大数据形成决策的模式已经为不少企业带来了盈利和声誉。

---

① 教育信息化行业大数据工作相关人士必备10大数据思维原理. 苏州教育信息化，2017（3）：1-4.

数据能告诉我们，每一个客户的消费倾向，他们想要什么，喜欢什么，每个人的需求有哪些区别，哪些又可以被集合到一起来进行分类。大数据是数据数量上的增加，以至于我们能够实现从量变到质变的过程。

用数据价值思维方式思考问题，解决问题。信息总量的变化导致了信息形态的变化，量变引发了质变，最先经历信息爆炸的学科，如天文学和基因学，创造出了"大数据"这个概念。如今，这个概念几乎应用到了所有人类致力于发展的领域中。从功能为价值转变为数据为价值，说明数据和大数据的价值在扩大，数据为"王"的时代出现了。数据被解释成信息，信息常识化是知识，所以说数据解释、数据分析能产生价值。

三、全样本原理

大数据研究的对象是所有样本，而非抽样数据，关注样本中的主流，而非个别，这要求应用人员有全局和大局思维。

数据分析需要全部数据样本而不是抽样，你不知道的事情比你知道的事情更重要，如果现在数据足够多，它会让人能够看得见、摸得着规律。数据量大时，人们认为有足够的能力把握未来，拥有对不确定状态的一种判断，从而做出自己的决定。这些我们听起来是司空见惯的，但是实际上背后的思维方式和我们今天所讲的大数据是非常像的。

比如在大数据时代，无论是商家还是信息的搜集者，会比我们自己更知道我们可能想做什么。现在的数据还没有被真正挖掘，如果真正挖掘的话，通过信用卡消费的记录，可以成功预测未来 5 年内的情况。统计学里最基本的一个概念就是，运用全部样本才能找出规律。为什么能够找出行为规律？一个更深层的概念是，人和人是一样的，如果是一个人，可能很有个性，但当人口样本数量足够大时，就会发现其实每个人都是一模一样的。

用全数据样本思维方式思考问题，解决问题。从抽样中得到的结论总是有水分的，而从全部样本中得到的结论水分就很少，大数据越大，真实性也就越大，因为大数据包含全部的信息。

四、关注效率原理

关注效率而不是精确度。大数据标志着人类在寻求量化和认识世界的道路上前进了一大步，过去不可计量、存储、分析和共享的很多东西都被数据化了，拥有大量的数据和更多不那么精确的数据为我们理解世界打开了一扇新的大门。大数据能提高生产效率和销售效率，原因是大数据能够让我们知道市场的需要、人的消费需要。大数据让企业的决策更科学，由关注精确度转变为关注效率的提高，大数据分析能提高企业的效率。

竞争是企业的动力，而效率是企业的生命，效率低与效率高是衡量企业成败的关键。一般来讲，投入与产出比是效率，追求高效率也就是追求高价值。手工、机器、自动机器、智能机器之间效率是不同的，智能机器效率更高，已能代替人的思维劳动。智能机器的核心是大数据制动，而大数据制动的速度更快。在快速变化的市场，快速预测、快速决策、快速创新、快速定制、快速生产、快速上市成为企业行动的准则，也就是说，速度就是价值，效率就是价值，而这一切离不开大数据思维。

用关注效率思维方式思考问题，解决问题。大数据思维有点像混沌思维，确定与不确定交织在一起，过去那种一元思维结果已被二元思维结果取代。过去寻求精确度，现在寻求高效率；过去寻求因果性，现在寻求相关性；过去寻找确定性，现在寻找概率性，对不精确的数据结果已能容忍。只要大数据分析指出可能性，就会有相应的结果，从而提高了决策效率。

五、关注相关性原理

关注相关性而不是因果关系，社会需要放弃它对因果关系的渴求，而仅需关注相关关系，也就是说只需要知道是什么，而不需要知道为什么。这就推翻了自古以来的惯例，而我们做决定和理解现实的最基本方式也将受到挑战。

例如：大数据思维一个最突出的特点，就是从传统的因果思维转向相关思维。传统的因果思维就是一定要找到一个原因，推出一个结果来。而大数据没有必要找到原因，不需要用科学的手段来证明这个事件和那个事件之间有一个必然联系。大数据只需要知道，出现这种迹象的时候，这个数据统计的高概率显示它会有相应的结果，那么只要在发现这种迹象的时候，就可以去做一个决策，知道该怎么做。这和以前的思维方式有很大的不同，可以说，它是一种有点反科学的思维，科学要求实证，要求找到准确的因果关系。

过去寻找原因的信念正在被"更好"的相关性所取代。转向相关性，不是不要因果关系，因果关系还是基础，科学的基石还是要的。只是在高速信息化的时代，为了得到即时信息，实时预测，在快速的大数据分析技术下，寻找到相关性信息，就可以预测用户的行为，为企业快速决策提供依据。

经典案例

啤酒与尿布

学习数据挖掘的人都知道一个"啤酒与尿布"的故事。故事的内容是这样的，沃尔玛的工作人员在按周期统计产品的销售信息时发现一个奇怪的现象：每逢周末，某一连锁超市啤酒和尿布的销量都很大。为了搞清楚这个原因，他们派出工作人员进行调查。通过观察和走访后了解到，在美国有孩子的家庭中，太太们经常嘱咐丈夫们下班后为孩子买尿布，而丈夫们在买完尿布以后又顺手带回了假期看球赛时自己爱喝的啤酒，因此啤酒和尿布销量一起增长。搞清原因后，沃尔玛的工作人员打破常规，尝试将啤酒和尿布摆在一起，结果使得啤酒和尿布的销量双双激增，为商家带来了大量的利润。通过这个故事我们可以看出，本来商品中尿布与啤酒两个风马牛不相及的东西，关联在一起销量增加了。数据挖掘中一个算法叫关联规则分析，就是来挖掘数据关联的特征。通过数据的挖掘，我们能够看到数据的关联现象，但我们不一定知道它们的因果关系，因为关联关系体现了从数据思维视角看现象，而因果关系体现了从业务视角看现象。

六、预测原理

大数据的核心就是预测，大数据能够预测体现在很多方面。大数据不是要教机器像人一样思考，相反，它是把数学算法运用到海量的数据上来预测事情发生的可能性。正因为在大数据规律面前，每个人的行为都跟别人一样，没有本质变化，所以系统会比行为者本人更了解他的行为。

例如：大数据帮助微软准确预测世界杯。微软大数据团队在 2014 年巴西世界足球赛前设计了世界杯模型，该预测模型准确预测了赛事最后几轮每场比赛的结果，包括预测德国队将最终获胜。预测成功归功于微软在世界杯进行过程中获取的大量数据，到淘汰赛阶段，数据如滚雪球般增多，把握了有关球员和球队的足够信息，以适当校准模型并调整对后面比赛的预测。

用大数据预测思维方式来思考问题、解决问题。数据预测、数据记录预测、数据统计预测、数据模型预测、数据分析预测、数据模式预测、数据深层次信息预测，已转变为大数据预测、大数据记录预测、大数据统计预测、大数据模型预测、大数据分析预测、大数据模式预测、大数据深层次信息预测。

七、信息找人原理

互联网和大数据的发展，是一个从人找信息到信息找人的过程。当下，人与信息的连接方式正在经历重构，互联网出现之前，获取信息的途径少，用户需要自己去找信息，是人找信息的模式；互联网和大数据出现后，已经从人找信息变为信息找人。当你打开网页查找信息时，搜索框下方会推送若干资讯供你阅读，这些推送的内容与你搜索的内容相近，这也就是我们所说的信息找人。

例如：从搜索引擎向推荐引擎转变。今天，后搜索引擎时代已经正式来到。在后搜索引擎时代，使用搜索引擎的频率会大大降低，使用的时长也会大大缩短。为什么使用搜索引擎的频率在下降、时长在缩短呢？原因是推荐引擎的诞生。就是说，从人找信息到信息找人越来越成为一个趋势，推荐引擎根据我们的搜索，知道我们想知道什么，并把我们想知道的内容推送给我们，所以是最好的技术。乔布斯说，让人感受不到技术的技术是最好的技术。

用信息找人的思维方式思考问题、解决问题。从人找信息到信息找人，是交互时代一个转变，也是智能时代的要求。智能机器已不是冷冰冰的机器，而是具有一定智能的机器。"信息找人"这四个字，预示着大数据时代可以让信息找人，原因是企业懂用户，机器懂用户，用户需要什么信息，企业和机器提前知道，而且主动提供用户需要的信息。

八、机器懂人原理

不是让人更懂机器，而是让机器更懂人，或者说是能够在使用者很笨的情况下，仍然可以使用机器。甚至不是让人懂环境，而是让我们的环境来懂我们，让环境来适应人。某种程度上，自然环境不能这样，但是在数字化环境中已经是这样一个趋势，就是我们所在的世界，越来越趋向于更适应于我们，更懂我们。

例如，解题机器人挑战大型预科学校高考模拟试题的结果，解题机器人的学历水平应该比肩普通高三学生。计算机不擅长对语言和知识进行综合解析，但通过借助大规模数据库对普通文章做出判断的方法，在对话填空和语句重排等题型上成绩有所提高。

让机器懂人，这是人工智能的成功，同时，也是人的大数据思维转变。一个机器、软件、服务是否更懂人，将是衡量该机器、软件、服务好坏的标准。人机关系已经发生很大变化，由人机分离，转化为人机沟通、人机互补、机器懂人，现在年轻人已离不开智能手机就是一个很好的例证。在互联网大数据时代，有问题，问机器，问搜索引擎，已成为生活的一部分。机器什么都知道，原因是有大数据库，机器可搜索到相关数据，从而使机器懂人。是人让机器更懂人，如果机器更懂人，那么机器的价值更高。

九、电子商务智能原理

大数据改变了电子商务模式，让电子商务更智能。例如：传统企业进入互联网，在掌握了"大数据"技术应用途径之后，会发现有一种豁然开朗的感觉，比如一个人整天就像在黑屋子里面找东西，找不着，突然碰到了一个开关，发现那么费力地找的东西，原来很容易找得到。大数据思维，事实上不是一个全称的判断，只是对我们所处的时代某一个维度的描述。

用电子商务更智能的思维方式思考问题、解决问题。人脑思维与机器思维有很大差别，但机器思维在速度上是取胜的，而且智能软件在很多领域已能代替人脑思维的操作工作。例如，美国一家媒体公司已用电脑智能软件写稿，可用率已达70％。云计算机已能处理超字节的大数据量，人们需要的所有信息都可得到显现，而且每个人的互联网行为都可记录，这些记录的大数据经过云计算处理能产生深层次信息。经过大数据软件挖掘，学校需要的信息都能实时提供，为领导层决策和分析提供了大数据支持。

十、定制产品原理

下一波的改革是大规模定制，即为大量消费者定制产品和服务，成本低，又兼具个性化。要真正做到个性化产品和服务，就必须对消费者的需求有很好的了解，这背后就需要依靠大数据技术。

例如：大数据改变了企业的竞争力。定制产品是一个很好的技术，但是能不能够形成企业的竞争力呢？如果因为每一个人，每一个企业都有这个生产力的时候，只能通过提高生产力来面对竞争。当每一个人都没有车的时候，你有车，就会形成竞争力。大数据也一样，你有大数据定制产品，别人没有，就会形成竞争力。

用定制产品思维方式思考问题、解决问题。要让用户成为企业的忠实粉丝，就必须了解他们的需要，定制产品成为用户的心愿，也就成为企业发展的新方向。大数据思维是客观存在，大数据思维是新的思维观。用大数据思维方式思考问题、解决问题是当下潮流。大数据思维开启了一次重大的时代转型。

知识拓展

警惕大数据思维的陷阱，做个新时代思维的智者

数据是生产力。如今随着互联网、云服务的发展，大数据成为各行各业发展的方向，无论是在新兴的人工智能，还是传统的制造业，以及中间的电子商务等。通过大数据的分析与使用，市场越来越清晰，产品越来越准确，服务越来越人性化。大数据的使用为我们带来了相当的便利。但是凡事都有两面性，我们在享受大数据优点的同时，也要警惕它所带来的弊端，尤其是大数据思维的陷阱。网络发展带来了言论的自由，也带来了个性的释放，但是同时带来了隐私的泄露。网络上大多数人传播、推崇的并不一定是对的，这种足不出户获得的海量信息里面还是蕴藏了巨大的不确定性。

任务二
大数据思维方式

传统的数据，更多的是数据化运营，也就是根据已有的数据，分析后进行决策。而大数据思维，本质上是从数据化运营升级为运营数据，也就是有针对性地设置、收集并利用大数据，为商业创造新的价值点。

一、大数据思维的三个维度

随着大数据的深入人心，很多大数据技术的专家、战略专家、未来学学者等开始提出、解读并丰富大数据思维概念的内涵和外延。数据在任何时候都是非常重要的，而在移动互联网时代，数据则显得尤其重要。从数据中可以看出市场的走向，数据就是商机，数据就是成功与失败的关键。有了数据，才能够作出科学合理的分析；没有数据，一切都是没有依据的空想。

大数据实际上是营销的科学导向的自然演化，大数据思维有三个维度：定量思维、相关思维、实验思维。

第一，定量思维，即提供更多描述性的信息，其原则是一切皆可测。不仅销售数据、价格这些客观标准可以形成大数据，而且连顾客情绪（如对色彩、空间的感知等）都可以测得，大数据包含与消费行为有关的方方面面。

POS机、网上购物、社交媒体以及各种各样的卡，都是大数据的来源。例如，通过传感器，利用红外线微波可以观测人的生理状态、脑电波等，如果驾车人员犯困，其心理指标发生变化并到一个临界值，汽车后台就会告诫驾驶员休息。赌场入口处的红外传感器，会根据脑部热量情况，分析进来的是冲动型赌徒还是冷静的赌徒。再比如，汽车行业的大数据有人、车、环境三个来源。"人"不仅包括车主或驾驶人员，还应包括乘客。"环境"不仅包括路面信息，还包括行车所到之处的周边信息，如旅馆、加油站、旅游景点等，典型如地图应用。"车"的应用也已有案例，例如：美国一家保险公司为汽车加装了跟踪器，根据行驶数据来决定保险费率；米其林也会搜集与环境相关的数据；某智能芯片厂商为长途货运汽车提供的芯片可以进行全球定位，调节物流和运输。

第二，相关思维，一切皆可连，消费者行为的不同数据都有内在联系。这可以用来预测消费者的行为偏好。

跨界有不同媒介、渠道间的跨界，如 O2O 和 LBS；也有商业模式、数据应用的跨界，如 GoPro 是穿戴式照相机，但它也为寻求刺激的滑雪、跳伞运动爱好者剪辑加工影像，并在电视上播出，吸引了广告和巨量的粉丝团队。

第三，实验思维，一切皆可试，大数据所带来的信息可以帮助制定营销策略。

比如，要想知道推荐的效果，可以做一个实验。一半消费者有推荐，一半没有。从短期看，推荐效果并不明显，但长期效果非常明显，因为推荐是购物体验的一部分。短时间内，消费者对所推荐的产品可能没需求，但到有需求时就会想起来，尤其是当推荐的产品符合他们的品位和风格时。

二、大数据思维方式

大数据研究专家维克托·迈尔-舍恩伯格（Viktor Mayer-Schönberger）指出，大数据时代，人们对待数据的思维方式会发生如下三个变化：第一，人们处理的数据从样本数据变成全部数据；第二，由于是全样本数据，人们不得不接受数据的混杂性，而放弃对精确性的追求；第三，人类通过对大数据的处理，放弃对因果关系的渴求，转而关注相关关系。基于上述观点，大数据思维包括总体思维、容错思维和相关思维。

（一）从样本思维转向总体思维

抽样又称取样，是从欲研究的全部样品中抽取一部分样品单位。其基本要求是保证所抽取的样品单位对全部样品具有充分的代表性。抽样的目的是从被抽取样品单位的分析、研究结果来估计和推断全部样品特性，是科学实验、质量检验、社会调查普遍采用的一种经济有效的工作和研究方法。

抽样在一定历史时期内曾经极大地推动了社会的发展，在数据采集难度大、分析和处理困难的时候，抽样不愧为一种非常好的权宜之计。抽样的好处显而易见，坏处也显而易见。抽样保证了在客观条件达不到的情况下，可能得出一个相对正确的结论，让研究有的放矢。但抽样也带来了新的问题。首先，抽样是不稳定的，从而导致结论与实际可能差异非常明显。其次，在很多情况下，不能抽样。例如为了获得中国的准确人口，我们基本不会采用抽样，而是采用人口普查。

大数据与小数据的根本区别在于大数据采用全样思维方式，小数据强调抽样。抽样是数据采集、数据存储、数据分析、数据呈现技术达不到实际要求，或者成本远超过预期的情况下的权宜之计。在大数据时代，人们可以获得与分析更多的数据，甚至是与之相关的所有数据，而不再依赖于抽样，从而可以带来更全面的认识，可以更清楚地发现样本无法揭示的细节信息。也就是说，在大数据时代，随着数据收集、存储、分析技术的突破性发展，我们可以更加方便、快捷、动态地获得研究对象有关的所有数据，而不再因诸多限制而不得不采用样本研究方法，相应地，思维方式也应该从样本思维转向总体思维，从而能

够更加全面、立体、系统地认识总体状况。

总体思维在预判战争形势方面体现得淋漓尽致。人类研究战争的规律特点，预判战场形势，采样一直是主要的数据获取手段，这是在无法获得总体数据信息条件下的无奈选择。在大数据时代，人们可以获得并分析更多的数据，而不再依赖于采样，从而可以更全面地认识战争，可以更清楚地发现样本无法揭示的细节信息，清晰地观察到战场的各个环节。在信息化战场上，通过情报、侦察和监视系统以及有人、无人战机，一支军队几乎能够"看见、听见和感觉"到战场上发生的所有状况，然后通过超级计算机的速度和精度以及人的敏捷性，来理解和解释现实世界，协助指挥官和分析人员用极短的时间来理解传感器收集的海量数据。也就是说，在大数据时代，随着数据收集、存储、分析技术的突破性发展，而不再因诸多限制而不得不采用样本研究方法。相应地，思维方式也应该从样本思维转向总体思维，从而能够更加全面、立体、系统地认识战争。

（二）从精确思维转向容错思维

在小数据时代，因为收集的样本信息量比较少，所以必须确保记录下来的数据尽量结构化、精确化，否则，分析得出的结论很可能"南辕北辙"，因此，通常十分注重精确思维。然而，在大数据时代，得益于大数据技术的突破，大量的非结构化、异构化的数据能够得到储存和分析，这一方面提升了我们从数据中获取知识和洞见的能力，另一方面也对传统的精确思维提出了挑战。舍恩伯格指出："执迷于精确性是信息缺乏时代和模拟时代的产物。只有5%的数据是结构化且能适用于传统数据库的。如果不接受混乱，剩下95%的非结构化数据都无法利用，只有接受不精确性，我们才能打开一扇从未涉足的世界的窗户。"也就是说，在大数据时代，思维方式要从精确思维转向容错思维，当拥有海量的即时数据时，绝对的精准不再是追求的主要目标，适当忽略微观层面上的精确度，容许一定程度的错误与混杂，反而可以在宏观层面拥有更好的知识和洞察力。

（三）从因果思维转向相关思维

在小数据世界中，人们往往执着于现象背后的因果关系，试图通过有限样本数据来剖析其中的内在机理。小数据的另一个缺陷就是有限的样本数据无法反映出事物之间的普遍性的相关关系。而在大数据时代，人们可以通过大数据技术挖掘出事物之间隐蔽的相关关系，获得更多的认知与洞见，运用这些认知与洞见就可以帮助我们捕捉现在和预测未来的形势，而建立在相关关系分析基础上的预测正是大数据的核心议题。通过关注线性的相关关系，以及复杂的非线性相关关系，人们能够看到很多以前不曾注意到的联系，相关关系甚至可以超越因果关系。也就是说，在大数据时代，思维方式要从因果思维转向相关思维，努力颠覆千百年来人类形成的传统思维模式和固有偏见，才能更好地分享大数据带来的深刻洞见。

三、大数据思维的特征

人类对新事物的认识总是存在两个阶段：生动直观的阶段和抽象思维的阶段。面对大数据时代的数据洪流汹涌来袭，人们已经意识到了大数据思维的出现。但是认识大数据思维不能停留在感性认识阶段，在充分地了解、掌握大量的客观材料后，需要在科学的视角下，辨析大数据思维的特征，做到去粗取精、去伪存真。

一般来看，大数据思维具备三大特征：整体性与涌现性、多样性与非线性、相关性与不确定性。

（一）整体性与涌现性

在大数据思维的背景下，涌现性成为描述全体数据最合适的词汇。整体性与涌现性成为大数据思维的首要特征。

1. 整体性

整体性是相对于系统的部分或者元素讲的，大数据思维要求人们将所获得的大数据作为一个系统，那么这个系统的首要特征就是整体性。大数据思维的整体性是指在数据挖掘的过程中，我们需要重视对全体数据的分析，在把握问题的方法上，注重从整体把握对象。在大数据时代，整体性思维是面对问题、解决问题时的首选。数据量增长迅速的情况下，与以随机样本为核心的小数据思维形成鲜明对比的是以全体数据为核心的大数据思维显现出的巨大能量，即整体性。大数据思维主张进行全体数据的获取和分析，也就是通过整体思维的方式来把握研究对象。

举一个简单的例子，我国每10年进行一次全国人口普查，两次人口普查间进行一次1％人口抽样调查。新中国成立以来，我国共进行了7次全国普查和3次1％人口抽样调查，社会各界投入的人力、财力成本巨大。以2010年北京市人口普查有关数据为准，北京市级财政和区县财政投入相加，人口普查总投入超过6亿元人民币，由此可见全国人口普查所占用的财力是巨大的。相比于全国人口普查的全国人口的广泛覆盖和庞大的调查费用，1％人口抽样调查是一种省时又省力的人口调查方式，但是抽样的结果往往有一定的误差。在统计学上，误差是无法避免的，只可能在一定条件下降到最低。在大数据时代，我们假设在时间上、技术上等方面不存在难点，每10年的人口普查将变得比现在的人工入户普查的方式高效得多，1％人口抽样调查也可以变为人口普查了，那么1％人口抽样调查甚至可被全国性的人口普查替代。针对大数据思维的整体性特征，在技术条件逐渐成熟的背景下，在取样调查时会有更多场景采取总体思维的办法，思维方式也应该从样本思维转向总体思维，这样就可以系统地、立体地认识总体。

抽样是为了用小数据样本去窥视全体样本的面貌，但是当我们可以获取庞大的数据而不必付出多少成本时，抽样调查就将变得没有意义。如果建立全国联网的人口数据库，并

通过智慧城市等移动终端开通人口普查数据更新入口，那么人们就可以在任何时间和地点完成人口普查数据更新，政府相关部门获取人口信息变化将更方便。通过整体性地开展人口信息研究，将比1‰人口抽样调查的方式展现出更多的细节。

2. 涌现性

大数据思维在表现出整体性特征的同时，也表现出涌现性特征。涌现性通常是系统整体具有的特征，是指在系统中各部分、各元素单独存在时不具有，但是将它们组合成一个整体后系统所具有的特征，也被称为"整体涌现性"。在大数据思维的背景下，新情况不断地涌现，涌现性也成为大数据思维的重要属性。全体大数据整体具有的，而小数据单独、部分或者所有小数据所不具有的属性、特征和功能等可以称为大数据思维的涌现性。也就是说，当我们把大数据拆分为各个小部分时，大数据所具有的这些属性、特征和功能等便不可能体现在小数据上或者所有小数据上。在大数据思维的指导下，谷歌的流感预测项目成为著名的例子。2008年，谷歌在美国发布了"流感预测项目"，通过收集数十亿次的谷歌搜索请求，该项目试图对美国和全球其他地区的流感爆发做出精确预测，目前已经在超过25个国家和地区提供服务。该项目通过对全球各地区用户在谷歌关于健康的点击、搜索数据，处理收集的这些庞大数据后可以发现人群中流感流行的趋势。在地图上，谷歌通过不同的颜色来表示不同地区（某个特定地区同样可以实现流感的可能流行程度），将流感流行程度分为弱、低、中、高和强五个等级。从2008年推出以来，谷歌每年冬天都进行了精确的预测，相比于美国卫生部需要在流感爆发后几周内做出警告，谷歌的预测几乎可以做到实时。谷歌对每天近30亿次搜索请求数据进行大数据分析，在一定时间内，我们可以看作谷歌依靠全体数据进行了精确预测。若单独将某个人点击、搜索数据列出，或者单独将某个时间段的数据列出，加以分析，由于数据并不完整，那么很难得出全体数据的分析结果。我们说，单独的数据并不具有预测流感爆发的能力，单独某个时间段的数据同样没有这样的效果，在整体分析下，全体数据在大数据技术的帮助下显示出了涌现性，谷歌流感预测项目才变得有意义。

整体性与涌现性特征是大数据思维在宏观层面的首要特征，它描述了大数据思维在看待大数据出现的问题上所采取的立场和观点，对海量大数据出现的形式和特点做出了一般性的规定。

（二）多样性与非线性

大数据思维还表现出多样性和非线性。大数据来源于物理世界中业已存在的数据和人类社会中后天产生的数据。按数据种类划分，大数据可分为结构化数据、半结构化数据和非结构化数据。数据种类、数据来源的不同，表现到大数据思维里，就是多样性。在大数据时代，通过多样性数据考察世界的方式昭示了其非线性特点。与古希腊以来追求因果的古代哲学、追求线性解决方案的近代科学相比，大数据思维更重视现实世界的非线性特点。大数据思维是一种更清晰地理解世界、认识世界的进步思维方式。从本体论看，大数据时代的世界本质上是非线性的；从方法论看，非线性问题一般都不可以转化为线性问题来处理，只有简单情况下才将其转化为线性问题，处理非线性问题要用非线性的方法。由此可见，多样性和非线性是大数据思维表现出的重要特征。

1. 多样性

大数据思维的多样性特征是通过数据种类的不同体现的。关系数据库中存储的基本是结构化数据，如整齐的文字、数据或者同一种类的文件。而非关系数据库中存储的多源异构数据（就是前文提到的半结构化数据、非结构化数据），例如不整齐（杂乱）的图标、表格、网页、视频或者其他类型的异构数据，成为大数据思维多样性的主要来源。多样性并不仅存在于大数据领域，我们人类生活的方方面面均存在多样性，可以说，社会、自然甚至宇宙万物都依赖多样性而存在。阿尔文·托夫勒（Alvin Toffler）在 20 世纪 80 年代所写的《第三次浪潮》中，就已经提到人类因电子计算机发展迅速，信息革命开始，传统的传播工具群体化特征将不再明显，传播对象将变得多样起来。人类社会中，人是社会关系的总和，社会关系是多样的，不同地区文化是多样的。自然领域中，包括海洋环境、陆地环境、大气环境，生物多样性的存在让生物圈多姿多彩。事物的发展变化总离不开多样性，如此看来，大数据思维中存在的多样性特征不可避免，我们在注意到大数据思维中存在多样性的同时，应尽可能全方位地把握多样性的存在，弄清楚多样性在大数据思维中的具体表现，为我们利用大数据思维奠定基础。小数据时代向大数据时代的多样性转变是显而易见的。

为了更好地掌握大数据思维，除了认识大数据思维的多样性特征外，还有必要对大数据思维的非线性特征加以了解。

2. 非线性

进入大数据时代以后，人类认识世界的方式将发生改变，大数据思维非线性特征将帮助人类在认识世界、考察世界的过程中建立非线性观点。非线性是相对于线性来说的，是指方程的解满足叠加定理的现象或者系统所具有的特征，非线性是线性的否定。在数学中，线性是一种具有比例关系的性质，函数表现是成比例的、直线的。而非线性是一种没有比例关系的性质，函数表现是不成比例的、不成直线的。我们在科学研究中采取的线性思维，可以看作非线性现实的简化。由于世界本身是非线性的，采取线性思维，就是一种近似思维，这样一来，我们看到的世界将是不真实的，也脱离了世界的本来面貌。然而，大数据思维的出现带来了整体思维，这样的思维方式生来就对真实世界亲近又抱有好感，人们可以利用采集海量大数据的方法得到现实世界第一手的数据，通过这些数据来了解我们的世界，将更加接近真实、接近现实。在这样的意义上，大数据思维在本质上表现出了非线性特征。

大数据思维在多样性和非线性特征上表现出的偶然性，与现实世界多样性、非线性的本质表现出的必然性，将在人类追寻真实世界图景的过程中实现偶然性与必然性的统一，同时也显现了大数据思维在认识论上更清晰认识、把握世界的追求。大数据思维本身所具有的多样性、非线性特征，辅以强大的大数据技术，无疑将会影响人类对自然的认识，建

立大数据思维条件下的新认识图景。

（三）相关性与不确定性

相关性和不确定性是大数据思维的重要特征，相关性特征是指在大数据的数据挖掘过程中可以根据数据间的相互关系做出判断的性质，不确定性特征是指在大数据的数据挖掘过程中所获取的数据本身是不具有确定规律的性质。大数据思维的相关性和不确定性特征是以它的前两个特征为基础的，如前文所述，整体性和涌现性为大数据思维提供了认识数据整体的新方法，多样性和非线性为大数据思维提供了把握丰富数据的新路径。应用大数据的核心是预测，在数据总体量相同时，与单独分析体量较小的小型数据集相比，将众多小数据集归结为大数据后进行处理可得出令人惊讶的结果，处理结果可以帮助商品销售、洞察传染病疫情、改善城市交通甚至可以防止犯罪，对广泛应用的憧憬正是大数据思维引起人们关注的原因。

1. 相关性

相关性表示事物之间具有的某种联系，它也是大数据思维的一个重要特征。

从大数据中寻求事物相关性，通过这种相关思维对可能发生的事进行预测，是大数据思维的最主要目的。在数理统计中，虽然逻辑关系（因果关系）不可以被相关关系表征，但统计结果却可以帮助人们从大量数据中获得直观表述。例如，根据统计结果，"常饮酒的人患胃癌概率较高"，直观表述了胃癌发病率高的事实，但不能因此得出"饮酒即致癌"的逻辑推理。"胃癌"和"饮酒"相关性的表达，恰恰是大数据思维相关性特征的体现，结果并没有完整的因果性探究，而是依靠大量的、基础的统计结果，依靠数据做出了"胃癌"和"饮酒"之间存在相关性的判断。

2. 不确定性

在大数据时代，基于结构化、半结构化和非结构化的多源异构的数据的新分类，以及关系数据库、非关系数据库的数据处理的新局面，大数据思维在数据类型和数据挖掘等领域表现出明显的不确定性。不确定性在数据采集、数据清洗、数据处理等数据挖掘的全过程中均有体现。大数据思维的不确定性主要体现在数据挖掘过程中的并行与实时上。由于大数据所处的位置大部分在互联网中，而互联网本身就是分布式的、多样性的、不规则的，这样就加剧了人们获取数据的不确定性。在大数据思维出现以前，关系数据库管理系统（Relational Database Management System，RDBMS）已经发展得相对成熟，它主要是对结构化数据来说的，已经拥有完整的产业链。

研究大数据将成为一种趋势，数据就像地下的矿藏一样，发掘数据或许会成为新的职业，数据学将会成为新的自然学科。数据科学家、数据技术、数据源或将构成完整的大数据生态系统，大数据思维将在科学研究、社会生活和思维方式等方面带来重大的改变。

任务三
运用大数据思维的案例分析

一、精准营销下的大数据思维[①]

大数据背后是思维方式的改变。创新并不只是变革性的，有些从细碎的管理细节做些改变也能创新。本文以国内某出版社有限公司作为例子，贯彻大数据思维，详细地讲解细节。该出版社一直重视数据的收集、分析、挖掘，为将数据资源应用在业务管理和图书营销方面，前几年就已经在持续地关注与营销方面有关的数据。一开始，该出版社只是有内部业务部门统计，现在已经发展到从社、店、第三方来采集和分析数据。数据分为两类：内部数据和外部数据。内部数据有退回汇总、账期汇总、库存表、重点产品分析，外部数据有市场占有率、重点板块竞争、市场排名变化、同类品销售排行、竞品分析、线上线下大客户销售排行榜。

近几年，该出版社在大数据运营上的创新是一个过程也是一个结果，都是一个不断进步的过程。第一，通过系统、人员、方法的优化，在 ERP 系统升级的基础上，该出版社增加常规需求的数据报表，数据统计者不断学习进步，提高了数据统计的分析效率，创建了适合自己的数据模型。第二，拓展数据使用层面，从原来的只有发行，到现在的编、印、发各环节及影响决策层，该出版社拓宽数据使用范围，从渠道商到作者。

从内容到发行，大数据贯穿整个流程。营销贯穿于出版的全流程中，而大数据对营销具有非常重要的作用，可以说大数据在出版的编辑（论证选题、组织稿件、加工整理、版式要求、装帧设计）、印务（印制效果、装订形式）、发行（仓储备货、宣传推广、最终销售）等各个环节中都发挥作用。首先，选题之初要进行市场调研，以同类品的数据为依托，对其书名、定价、上市时间、销量进行统计，结合该选题特点等与竞品进行比较，对该选题作者以往的产品情况也要进行分析，综合考量后确定是否立项。其次，根据市场情况和营销需求确定版式设计和装帧形式，确定定价策略、明确印制数量、把握最佳出版时机、进行渠道选择、计划如何上市操作以及明确预期销售目标。图书的印制则要考虑呈现

① 资料来源：一个超详细例子告诉你，精准营销下的大数据思维.（2019 - 03 - 21）. http://www.qibu121.com/news/249.html.

效果、计算成本情况，而图书上市后大数据又可以帮助该出版社复盘营销策略和营销效果，调整营销节点、营销步骤、推广时机，从而有利于该出版社更有效地进行图书推广，逐步实现销售既定目标。此外，根据图书上市后的大数据表现，该出版社对项目可以准确制订加印计划，明确加印周期和加印数量，这对合理安排生产印制、及时保障市场需求、有效控制库存、加快库存周转率都会起到积极的作用。

从上到下、从内到外，该出版社多维度获取整合大数据。该出版社虽然一直注重数据整理、统计、分析的工作，但使用之初较为简单，从时间、内容、使用上相对随意，没有形成一种制度，当时与第三方数据公司的合作内容较粗犷，存在利用不充分的情况。随着行业内优化结构，追求品质、打造精品逐渐成为业界的共识，该出版社也由数量规模型向质量效益型转型。加上不断丰富的外部数据源，该出版社的自身数据采集整合能力不断提高，已经具备与外部的数据源合力的能力，充分发挥数据作用，快速提升营销精准度。自2014年开始，该出版社逐步实现由专人负责数据，按实际业务工作需求制定周报、双周报、月报等统计报表以及特定系列、重点产品等的临时数据表，各项数据的汇报、分享基本形成了一种机制，主要在三个维度上下功夫，对上抵达管理层、对下抵达业务层、对外与渠道分享并进行业务交流。

大数据的获取途径基本分成内部和外部两种。内部报表主要是根据该出版社 ERP 系统中的出、入库的基础业务数据对图书的发货时效、补货数量、补货频率、适销程度、渠道特点予以反馈，以此对库存销售周期进行分析和预判。外部数据中，大客户销售排行榜单是该出版社参考的重点数据指标，它可以真实地反映产品的动销情况，验证我们对产品上市预判的正确性，根据实际销售数量确定是否加印以及加印数量。另外，该出版社可以通过比较内部数据和外部数据的差异，分析产生差异的原因，找到存在的问题。在外部数据的获取上，该出版社与第三方专业数据公司保持了长期稳定的合作关系，对该出版社图书的整体市场排名、市场占有率以及该出版社重点出版板块的市场情况予以关注，监控全社图书在各省市的发货率、铺货率、上架率、动销率、库存周转率、退货率，再结合该出版社自行获取的大客户销售数据以及内部业务数据进行分析，对存在的问题从产品、渠道、人员、政策上下手，寻找空间、挖掘潜力、找出方案、弥补不足，实现销售突破。

根据图书定制营销，大数据为优化决策提供支撑。大数据对实现决策优化、精准营销有显著作用，通过提升营销转化率体现营销价值，但图书不同、内容不同，大数据作用的方式也不同，有些是直接的，有些是间接的。总体来说，这主要体现为以下三种模式。

第一，以既有销量为基础，撬动线上千万级读者量关注，打造爆品，实现共赢。该出版社作者大 J 是一位知名的公众号作者，其 2017 年 1 月第一本新书《跟美国儿科医生学育儿》上市后，整体表现较好，半年印制 4 万多册，线上渠道尤为突出。同年 8 月，大 J 第二本新书《跟美国幼儿园老师学早教》上市。在上市前，该出版社进行了多次部门内、编发部门间、与作者、与渠道的沟通，对其第一本图书的销售数据和有效的营销推广活动进行了复盘，针对该出版社曾在大 J 微信公众号上做过一次图书团购活动实现 5 500 套销售量的案例进行重点讨论，决定此次新书上市后将作者本人微信公众号的团购活动直接导流至当当网，利用作者 5 000 册的购买量撬动当当网几千万读者关注，同时当当网也给予了高度重视和大力支持，上市 3 个月印制 12.5 万册。作为"大 J 家庭早教三部曲"，该书与其他两本图书，配合公众号和社群导流，实现精准营销。该书多次占据当当网新书总榜、亲子家教分类榜第 1 名的位置，进一步提高该出版社该类产品竞争力，进一步加强该出版社与渠道密切合作，进一步巩固亲子家教类图书的领先地位，成功打造了社、店、作者共同成长、三方共赢的案例。

第二，通过分析销售数据的渠道构成和折扣体系，规范渠道管理，扩展重点品的盈利空间。该出版社规模较小（社内员工 57 人，2018 年总发行码洋 2.12 亿元，市场图书每年平均出版 120 种，市场图书发行码洋 1.08 亿元），具有小而专的特色，在亲子家教、孕产养育、女性读物方面屡获各种图书奖项。而亲子家教类图书在该出版社占较大份额，但其中某一重点系列 6 种产品在 2017 年总发行量一改前 3 年年平均 30％的增长速度，发行总码洋基本与 2016 年持平，这种不正常的现象引起了该出版社的关注。该出版社通过对该产品的销售数据进行分析，发现线上销售占据主导，且线上低价销售作为引流的方式越来越多，尤其是一些没有销售实力的客户，造成了销售页面价格越来越低，甚至还有很多不法商家用盗版图书来扰乱市场，严重影响了市场秩序和客户销售该产品的积极性。进一步对数据进行分析后，该出版社决定规范销售渠道，对在售该重点品进行控价管理，并提高该重点品的发货折扣，严厉打击线上盗版。经过近 1 年的努力，该系列 6 种图书 2018 年销售增长 348 万元码洋，通过调整发货折扣，使该书为该出版社增加毛利约 140 万元，通过控价和规范渠道，有效地打击了盗版销售。

第三，让加印图书走出困境。在品种多、信息少、系统弱的情况下，该出版社在加印图书上也经历过编辑、发行两个环节经常会出现争议的情况，库存量很低了，编辑想加印，而市场需求不明确，发行不想印，加印与不加印成了两难。如果不加印造成缺货断档，对营销而言会有很大的负面影响，会直接影响终端销售，打乱原有的销售节奏，无法进行正常推广，给竞品上架的机会，若是畅销品还会给盗版提供机会。如果加印，又担心造成库存积压，库存考核的压力大，库存周转率的要求高，以往的销售盈利又被库存抵消。而到了印制部也会对加印有几种考量：小批量、多印次会增加工作量，批量经济对降低成本能够起到一定的作用，备货周期多久合适。那到底该不该印？该印多少呢？目前加印在该出版社已成为不纠结、流程化的一项工作，根据周库存数据、大客户销售数据，结合销售季节因素、市场活动计划，安排加印工作，保障合理的供货周期。这样既避免了以经验来决定加印数量，又不绝对依赖数据，让印数更符合市场需求，更有效地保持合理的库存存量，对该出版社以绝对优势保持高于行业平均库存周转率起到了决定性的作用。

出版业整体行业体量不大，但由于各出版单位、新华书店以及其他销售渠道在理念、视角、需求、管理模式上存在不同，再加上使用的管理系统差别较大，在数据的完整性、全面性、实效性以及匹配度上都有较大的差异，因此这些给数据的获取、加工、整理、统计、分析都带来不便，也造成了时间、人力、财力的大量消耗。数据是做商业判断的重要支撑，但不能盲目地迷信数据，要有更高的视角、更强的前瞻性、更综合的

判断能力。

二、塔吉特的"读心术"①

大数据思维带来了一个革新：知道"是什么"就够了，没必要知道"为什么"。

塔吉特百货是美国第二大超市。一天，一名男子闯入塔吉特，大吼："你们为什么给我的女儿发婴儿纸尿裤的优惠券，她才17岁啊！"这家全美第二大的零售商，竟闹出如此大的乌龙？商场经理立刻向该男子道歉，并解释："那肯定是个误会。"然而，这位经理并不知道，这一切都是公司数据预测系统进行了一系列数据分析的结果。一个月后，经理接到了该男子的道歉电话，塔吉特的优惠券并没有发错，他的女儿的确怀孕了。

为什么，孕妇身边的人都没有发觉时，塔吉特就已经知道谁怀孕了呢，难道塔吉特有神奇的读心术？

其实，这就是大数据的功力。

原来，孕妇对零售商来说是一个含金量很高的客户群体，商家都希望尽早发现怀孕的女性，并掌控她们的消费。

塔吉特通过对孕妇的消费习惯进行无数次的测试和数据分析得出：

孕妇在怀孕头3个月后会购买大量无味的润肤乳。有时在头20周，孕妇会补充钙、铁、锌等营养素。许多顾客会购买肥皂和棉球，但当有人除了购买洗手液和毛巾外，还会突然大量采购无味肥皂和特大包装的棉球时，说明她们的预产期要到了。

在塔吉特的数据资料里，分析师们根据顾客的内在需求数据，精确地选出其中25种商品，对这25种商品进行同步分析，基本上可以判断哪些顾客是孕妇，甚至还可以进一步估算她们的预产期，在最恰当的时候寄去最符合需求的优惠券，满足她们最实际的需求。

这就是塔吉特能清楚地知道顾客预产期的原因。

塔吉特根据自己的数据分析结果，制定了全新的营销方案，孕期用品销售呈现爆炸式增长。塔吉特将这项分析技术向其他各种细分用户群进行推广，取得了很好的效果。

（一）塔吉特是如何收集数据的

塔吉特尽可能地给每位顾客一个编号（即会员卡）。顾客刷卡、使用优惠券、填写问卷、开启广告邮件等，都会记录进顾客的编号。这个编号还会对号入座地记下顾客的人口统计信息：年龄、婚姻状况、子女、住址、薪水等。

塔吉特还可以从其他相关机构那里购买顾客的其他信息，如种族、就业史、喜欢读的杂志、破产记录、购房记录、求学记录等。这些看似凌乱的数据信息，在塔吉特的数据分析师手里，能转化出巨大的能量。

---

① 商业里的"读心术"．（2019-12-31）．https://zhuanlan.zhihu.com/p/100329327．

（二）塔吉特是如何分析数据的

塔吉特并不知道孕妇开始怀孕的时间，但是，它利用相关模型找到了她们的购物规律，并以此判断某位女士可能怀孕了。

这个案例揭示了，企业已经进入数据应用的新阶段。企业不仅利用商品的相关性开展促销，而且利用事物的相关性预测消费者的消费活动。这种预测是利用事物相关性来发现事情的变化规律的。

大数据时代给我们带来的是一种全新的思维方式，思维方式的改变在下一代成为社会生产中流砥柱的时候，就会带来产业的颠覆性变革。

三、农田里的大数据思维

农业物联网自动化系统可对大棚内环境进行实时感知。

农田里建气候观测站，用手机一扫就可以获得田地的施肥方案、灌溉方案，农业物联网自动化系统可以精确测算市场的需求，农业生产者根据需求决定种什么、养什么。"大数据思维"的背后，是农业生产从"靠经验"走向"靠数据"、从粗放走向精准的变革。

（一）用大数据"测天测地测市场"[①]

春耕前夕，记者在江西宜春市下辖的丰城市采访时，发现了一个农民"卖天气"的故事。

卖"天气"的农民叫雷应国，是丰城市秀市镇雷坊村一位"80后"种粮大户。面对记者"天气怎么卖"的疑惑，雷应国自豪地用手机扫了扫"雷应国生态富硒米"包装上的二维码，随后大米产地的气候状况、环境条件、气候品质等信息一目了然："累积温度3 363℃、总雨量650毫米、平均每天日照时数7.3小时……"

原来，为了更好地服务农业生产，气象部门在他的农田里专门建了一座农田小气候观测站，监测周边环境。在包装的二维码旁，还有气象部门颁发的"气候品质认证"标志，靠着这一标志，雷应国种植的生态富硒大米的"身价"从原来的8元/斤涨到18.8元/斤，且供不应求。

雷应国卖的"天气"，实则是对生产气候环境的精准把控。记者在农村采访发现，眼下，农业生产中越来越多地用到数据，并由此兴起一种新的大数据思维。

在江西省奉新县宋埠镇宋埠村，建华农业专业合作社理事长宋单春拿着手机，对着一块农田扫描定位。不一会儿，手机屏幕上就弹出了田块的编号、营养成分和施肥建议：土壤酸性较强，可增施生石灰。"这是我们新使用的测土配方施肥系统，它会对每块田进行数据分析，然后提醒我们怎么施肥，缺氮就让我们施氮肥，缺钾就施钾肥。"宋单春说。

---

① 大数据思维："测天测地测市场"．（2018－06－01）．http://www.xinhuanet.com//mrdx/2018－06/01/c_137221659.htm.

大数据不仅"测天测地",还"测市场"。在丰城市梅林镇江桥村,贵澳集团投资2.1亿元打造智慧富硒产业示范园,种植绿色、无公害的富硒蔬菜。公司副总经理王根元告诉记者,他们有一个庞大的调研团队和大数据中心,可以及时掌握全国乃至全球农产品的需求和价格信息。"我们会定期对这些信息进行分析并调整我们的生产,什么赚钱就种什么。"

(二)从"靠经验"到"靠数据"

在业内人士看来,农业大数据思维的背后,是农业生产从"靠经验"走向"靠数据"、从粗放走向精准的变革。

一是实现对农业生产环境的精准把控。

走进江西省于都县梓山镇万亩富硒绿色蔬菜产业园,只见一排排现代化高标准温室蔬菜大棚鳞次栉比,隔壁的控制室内,一块大屏上实时显示着大棚内的环境数据:"空气温度:9.1℃;土壤温度:17.6℃⋯⋯"产业园技术总监王希华告诉记者,这种温室大棚利用互联网和物联网可自动调节温、湿、光、水肥、二氧化碳,进而给蔬菜创造了一个最适宜生长的环境。

二是实现农业生产的精准投放。

在江西省高安市巴夫洛智慧农业展示中心,一块巨大的显示屏上,农作物长势、每日农事安排、人工和生产资料投入及未来产量和收益等数据尽收眼底。江西巴夫洛生态农业科技有限公司副总裁于晗说,过去农业浇水、施肥、打药主要凭经验和感觉,如今通过大数据正向生产管理定量化和精确化转变。

三是确保农业产出的精准可控。

在江西省资溪县"一亩茶园"的茶山上,每隔一段距离就有一个摄像头和传感器。以往,种茶人种出好茶,只能靠经验和运气。如今,通过"互联网+"技术,这里已经实现了大气温度、土壤湿度等数据的实时采集,茶树的生长、管理有了科学的依据。

资溪县"一亩茶园"江西片区经理姚娅介绍说:"一旦出现数据异常,我们会进行人工干预,确保我们茶叶的生长环境和出品符合一个有机标准。"

(三)"投入"大数据,降风险增效益

记者采访发现,对于现代农业来说,大数据已经和无人机、温室大棚、生态农药等一样,成为一种新的"投入品"。它的使用,给农业生产带来了许多有利变化。

首先,通过对环境的精准把控,降低了农业生产的风险。

温度低了,自控系统将自动给其加温;温度高了,降温系统就会自动开启;水分含量低,大棚内的滴灌系统会自动打开;不需要阳光时,就把遮阳系统打开⋯⋯记者在一些现代农业示范园看到,通过大数据技术,农业生产人员可对环境进行分析,并根据需要对温度、湿度、光照等进行调节,从而让农作物在一个稳定的环境下生长。

不仅是自然风险,农业生产的市场风险也被大大降低。王根元说,过去农民种田存在

很大的盲目性，以至于经常发生滞销、脱销现象，而通过大数据技术极大地缓解了这一问题，降低了农业生产的市场风险。

其次，通过精准投入和提升智能化水平，降低了农业生产的成本。

记者采访发现，物联网的运用不仅可以通过环境监测为农业生产提供科学有效的参考，还可以通过智能化操控降低农业生产成本。

指着基地里的水肥一体化设备，江西井盛农业开发有限公司负责人陈槐康笑着说，这台设备由一台电脑控制，农作物渴了有水喝，饿了就施肥。"有了它，不仅管理起来方便，还能省下不少工钱！"陈槐康说，采用水肥一体化设备后，基地再也不用雇人浇水施肥了，同时，产量也更稳定了，每亩地能多挣二三百元钱。

最后，通过大数据技术，可以对农产品质量进行有效把控，并减少农业面源污染，促进农业可持续发展。

于晗说，过去农民凭经验施肥打药，不仅浪费了大量农药化肥，而且带来了农药残留超标、农业面源污染等问题，对农业可持续发展带来严峻挑战。如今，通过大数据技术，我们可以有效地解决这一问题，提升农产品的质量，并减轻农业面源污染。

四、大数据思维方式的启示

（一）建立以大数据整体性为支撑的总体思维

在小数据时代，由于技术条件的限制，人们只能通过把复杂的整体分解为简单的部分的方法来分析研究事物，并试图用这些部分来描述整体。而在大数据时代，人们可以利用大数据技术，收集、处理和运用海量数据，实现思维和认知从被迫关注局部向主动关注全局转变，从更广的范围、更高的层次、更深的程度认识事物，形成基于大数据网络环境的总体思维。

（二）建立以大数据多样性为支撑的容错思维

容错思维，不是纵容错误存在，而是接受不精确的存在，并不断调整纠偏。在大数据时代，由于技术的进步，人们基本可以做到实时、实地采集、传输、处理数据，可以实时准确地把握事物的动态发展变化情况，随时调整决策，纠正错误。

（三）建立以大数据关联性为支撑的相关思维

在大数据时代，事物各组成要素之间的关系已经不完全是简单的线性因果关系，而更多的是一种非线性的相关关系。通过分析研究数据变化所反映的事物之间的内在联系以及相关关系，我们可以避免将思维方式陷入冗长的因果关系链，较为快捷地发现事物不同要素之间的相互关系和相互影响及相互作用方式，为快捷、准确地找到解决复杂问题的方案提供有效的路径。

（四）建立以大数据开放性为支撑的智能思维

封闭导致混沌，而开放则会带来生机和活力。大数据的一个鲜明特征就是其开放性。从数据来源来看，大数据时代的数据建设对所有的有效数据保持开放；从数据的使用来看，大数据时代的数据向所有的合法用户保持开放，任何用户都没有数据特权。这种开放性为人们的智能思维奠定了基础，为我们探索并掌握现实和未来事物发展的特点规律，智慧思考、超前谋划提供了支撑和条件。

大数据时代已经来临，采集、处理某些特定数据的平台和技术都已具备，决策的制定不再依赖于直觉或经验判断，而是建立在体量庞大的数据基础上，让数据智能化、智慧化，只有与时俱进，主动拥抱和融入大数据热潮，才能不断焕发生机和活力。

项目小结

　　大数据，不仅是一次技术革命，也是一次思维革命。按照大数据的思维方式，我们做事情的方式与方法需要从根本上改变。大数据思维的 10 种思维原理：数据核心原理、数据价值原理、全样本原理、关注效率原理、关注相关性原理、预测原理、信息找人原理、机器懂人原理、电子商务智能原理、定制产品原理。大数据不仅将改变每个人的日常生活和工作方式，也将改变商业组织和社会组织的运行方式。只有思维升级了，才可能在这个时代透过数据看世界，比别人看得更加清晰，从而在大数据时代有所成就。本项目简单阐述了大数据思维的三个维度及运用大数据思维的案例分析，通过案例得出了大数据思维方式的启示。

实训练习

应知考核

一、单项选择题

1. 大数据时代，计算模式发生了转变，从"流程"核心转变为（　　）核心。

A. 流程　　　　　　　B. 大数据　　　　　　　C. 数据　　　　　　　D. 自动

2. 大数据的核心就是（　　），大数据能够预测体现在很多方面。

A. 预测　　　　　　　B. 计算　　　　　　　C. 数据　　　　　　　D. 推测

3. （　　）即提供更多描述性的信息，其原则是一切皆可测。

A. 定性思维　　　　　B. 定量思维　　　　　C. 相关思维　　　　　D. 实验思维

4. （　　），一切皆可试，大数据所带来的信息可以帮助制定营销策略。

A. 定性思维　　　　　B. 定量思维　　　　　C. 相关思维　　　　　D. 实验思维

5. 大数据与小数据的根本区别在于大数据采用（　　）方式，小数据强调抽样。

A. 定向思维　　　　　B. 全样思维　　　　　C. 相关思维　　　　　D. 实验思维

6. 大数据的一个鲜明特征就是其（　　）。

A. 特权性　　　　　　B. 智慧化　　　　　　C. 开放性　　　　　　D. 智能化

二、多项选择题

1. 下列属于大数据思维的核心原理的有（　　）。

A. 数据核心原理　　B. 数据价值原理　　　C. 全样本原理　　　D. 关注效率原理

2. 下列属于大数据思维的核心原理的有（　　）。

A. 关注相关性原理　B. 预测原理　　　　　C. 信息找人原理　　D. 机器懂人原理

3. 大数据思维有三个维度，这三个维度指的是（　　）。

A. 定性思维　　　　B. 定量思维　　　　　C. 相关思维　　　　D. 实验思维

4. 大数据研究专家舍恩伯格指出，大数据时代，人们对待数据的思维方式会发生如下三个变化（　　）。

A. 从样本思维转向总体思维　　　　　　　B. 从精确思维转向容错思维

C. 从因果思维转向相关思维　　　　　　　D. 从预测思维转向推测思维

5. 大数据思维包括（　　）。

A. 总体思维　　　　B. 因果思维　　　　　C. 容错思维　　　　D. 相关思维

三、判断题

1. 大数据并不在于"大"，而在于"有用"，价值含量、挖掘成本比数量更为重要。（　　）

2. 大数据研究的对象是抽样样本，而非所有数据。（　　）

3. 互联网和大数据的发展，是一个从信息找人到人找信息的过程。（　　）

4. 用大数据思维方式思考问题、解决问题是当下潮流。大数据思维开启了一次重大的时代转型。（　　）

5. 在大数据时代，人们需要建立以大数据整体性为支撑的总体思维。（　　）

6. 容错思维，不是容许错误存在，而是接受不精确的存在，并不断调整纠偏。（　　）

7. 大数据时代，事物各组成要素之间的关系将是简单的线性因果关系。（　　）

8. 从数据的使用来看，大数据时代的数据向所有的合法用户保持开放，任何用户都没有数据特权。（　　）

应会考核

1. 阐述体现大数据时代人类思维方式的转变的几个方面。

2. 请根据自己的生活实践举出一个大数据思维的典型案例。

3. 阐述"啤酒和尿布"的商业故事，并说明其中的大数据思维方式。

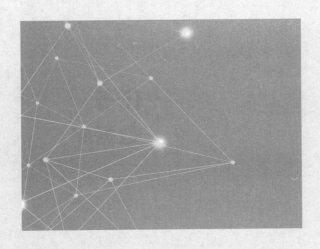

项目三

数据库基础知识

知识目标

- 了解数据及数据库的基本含义
- 了解数据库的类型
- 了解数据库管理系统
- 了解数据库语言 SQL

能力目标

- 掌握数据库的基本内涵
- 掌握数据库的类型
- 掌握关系型数据库的特征
- 掌握数据库管理系统及数据库语言

素质目标

能掌握数据库分类与关系型数据库的特征，并准确表述关系型数据库的逻辑特征；准确把握数据库管理系统及其与数据库语言的区别。

任务一
数据库

一、数据库的定义

在了解数据库之前，我们要先了解一下数据是怎么储存的。我们都知道，当我们的祖先还在荒野中茹毛饮血的时候，就学会了利用结绳记事来进行数据储存，这些被打上结的绳子就是"数据"，如图3-1所示，虽然这种数据很难保存、很难提取。

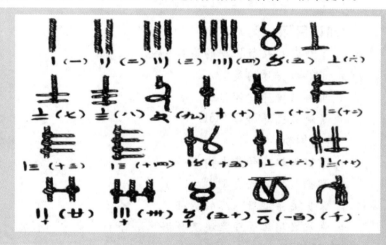

图3-1 结绳记事

后来，我们的祖先利用甲骨、竹简、纸张来储存文字数据。近代人们发明了录音机、摄像机来储存音频数据。虽然数据载体一直在变化，但是数据存储的方式并没有发生很大的变化，都属于传统存储方式。直到信息时代的到来，数据存储的方式才发生了重大变革并朝着两个方向发展：文件与数据库。

（1）文件相当于把数据存放在 Excel 当中，形成读写文件后进行存储，然后通过 Python 等工具对文件数据进行筛选、处理、提取；

（2）数据库则是把数据按照其结构将其储存在计算机中，形成一个具有大数据量的数据集合，相当于存放文件的文件柜，如图3-2所示。

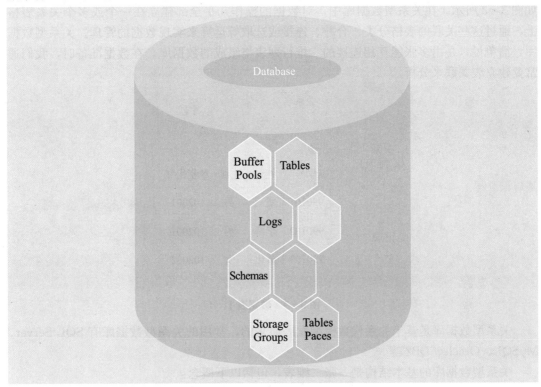

图3-2 数据库示意图

利用数据库存储数据是目前最为流行的方式，因为数据库拥有持久化存储的特点，读写速度也很高，更关键的是数据库可以在极大程度上保证数据的有效性，而不像Excel等文件极易产生修改错误。数据库顾名思义就是数据的集合，是由一张张数据表组成的。

总之，数据库是有组织的数据集合。它是模式（schema）、表（table）、查询（query）、报告（report）、视图（view）和其他对象的集合。

数据库是系统地组织或结构化地索引信息存储库（通常是一组连接的数据文件），可以轻松地检索、更新、分析和输出数据。这些数据通常存储在计算机中，其形式可以是图形、报告、脚本、文本等，几乎代表每种信息。大多数计算机应用程序（包括防病毒软件、电子表格、文字处理器）的核心都是数据库。

二、数据库的分类

按照早期的数据库理论，比较流行的数据库模型有三种，分别为层次数据库、网状数据库和关系型数据库。而在当今的互联网企业中，最常用的数据库模型主要有两种，即关系型数据库和非关系型数据库。

关系型数据库模型是把复杂的数据结构归结为简单的二元关系（即二维表格形式），如图3-3所示。在关系型数据库中，对数据的操作几乎全部建立在一个或多个关系表格上，通过这些关联的表格分类、合并、连接或选取等运算来实现数据的管理。关系型数据库，简单说，是由多张能互相连接的二维行列表格组成的数据库。在数据准备时，我们通常要建立表关联来分析。

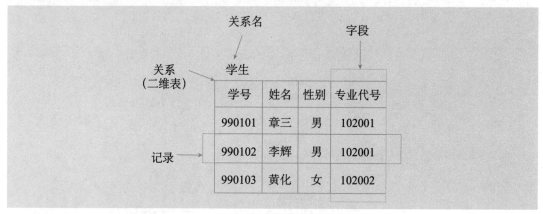

图3-3 数据表1

关系型数据库是基于关系代数模型发展而来的，常用的关系型数据库有 SQL Server、MySQL、Oracle、DB2 等。

关系型数据库的基本结构是一张二维表，包括以下概念：

1. 表

在用户将文件夹放入文件柜的时候，不是将文件夹随便扔进某个抽屉就可以了，而是在文件柜中创建文件，然后将相关的资料放入相关的文件中，这就是数据库的表。

表是一种结构化的文件，用来存储某种特定类型的数据，如 SQL 文件，其里面包含了20多个数据库表，每个表的名字都不应该是相同的，但是我们可以在不同的数据库里存放有相同表名的数据表，如图3-4所示。

学生ID	学生姓名	考试成绩
10231	张三	87
10232	李四	79
10233	王五	82
10234	赵六	90

图3-4 数据表2

同时，我们不能把学生数据与老师数据放在同一个表里，否则不容易提取数据，检索和访问也比较麻烦，所以我们应该创建两个表，每个清单一个表。

2. 列

列是组成表的字段信息，一张表可以由一个或多个列组成。

我们可以这么理解，每一列都是数据库表中的每一个字段，如图 3-5 所示，学生 ID 列、学生姓名列、考试成绩列就是三个字段。

学生ID	学生姓名	考试成绩
10231	张三	87
10232	李四	79
10233	王五	82
10234	赵六	90

图 3-5 数据表 3

正确地将数据分解为多个列是十分重要的。例如，班级和学生姓名应该是独立的列，通过将它们分解开，才有可能利用特定的列队数据进行排列和过滤；如果学生姓名和班级组合在了一个列里，按照班级过滤就会十分困难，如图 3-6 所示。

学生ID	学生信息	考试成绩
10231	一班张三	87
10232	一班李四	79
10233	二班王五	82
10234	二班赵六	90

图 3-6 数据表 4

数据库中每个列都有对应的数据类型，数据类型定义列可以存储的数据种类。

例如，如果列中存储的是数字，那么对应的数据类型应该是数值类型；如果列中存储的是日期、文本、注释、金额等，应该用恰当的数据类型规定出来。

数据类型：每个列都应该有相对应的数据类型，限制存储的数据形式。

3. 行

数据库表中的数据是按照行进行存储的，每一行就是存储的一个数据，比如第一行是张三的数据，第二行是李四的数据。

信息存放在物理实体上，是一堆写在磁盘上的文件，文件中有数据。这些最基础的数据组成了表（table），我们把它想象成一张 Excel 的 sheet，如图 3-7 所示。

学生ID	学生姓名	年龄
1231	张三	18
1232	李四	19
1233	王五	18

图 3-7 数据表 5

4. 主键

每一张表都有一个唯一标识，即主键，也就是 ID。ID 是数据库中重要的概念，叫作唯一标识符/主键，用来表示数据的唯一性。就相当于我们的身份证，是唯一的，有了身份证，就知道数据在哪了。

ID通常没有业务含义，就是一种唯一标识，每张表只能有一个主键，且主键通常是整数，主键一旦设立，值通常不允许修改。

数据库是表的集合。一个数据库中可以放多张表，我们给每张表命名，表与表之间能互相联系。联系就是数据能够对应匹配，正式名称叫作连接，对应的操作叫作Join，如图3-8所示。

学生ID	学生姓名	年龄	教师ID	学生ID	教师姓名
1	张三	18	1	2	汪涵
2	李四	19	2	4	李想
3	王五	18	3	3	张晓
4	徐六	19	4	5	刘柳
5	张七	18	5	1	杨帆

图3-8　数据表6

比如上面两幅图，左图是学生信息表，右图是老师信息表。左图的主键是学生ID，右图的主键是老师ID。细心的读者可能发现右图还有一个学生ID，这里的学生ID是专门用来连接用户表的，它并不是主键，只不过两张表通过学生ID这个唯一信息来关联。

但两张表关联也并不是信息能一一对应，也会存在空缺，如图3-9所示。

学生ID	学生姓名	年龄	教师ID	学生ID	教师姓名
1	张三	18	1	2	汪涵
2	李四	19	2	4	李想
3	王五	18	3	3	张晓
4	徐六	19			
5	张七	18			

图3-9　数据表7

两张表建立连接就会变成如图3-10所示。

学生ID	学生姓名	年龄	教师ID	教师姓名
1	张三	18	null	null
2	李四	19	1	汪涵
3	王五	18	3	张晓
4	徐六	19	2	李想
5	张七	18	null	null

图3-10　数据表8

通俗地理解，关系型是数据作为二维数组存在，可以理解为图书馆的图书排列。书架、楼层可以理解为关系型的数据结构，书作为数据存在，而所有图书馆管理员就是数据库的进程，负责不同的工作。有人负责数据修复、备份，有人整理书架、书籍（数据整理、归档），而用户进程是来到图书馆的顾客，他们看书、移动书籍，而管理员就会对其进行维护，如图 3 - 11 所示。

图 3 - 11　图书馆查阅图书

关系型数据库诞生距今已有 40 多年了，从理论产生到发展到实现产品，如常见的 MySQL 和 Oracle。Oracle 在数据库领域上升到了霸主地位，形成每年高达数百亿美元的庞大产业市场，而 MySQL 也是不容忽视的数据库，以至于被 Oracle 重金收购了。图 3 - 12 为常见关系型数据库。

图 3 - 12　关系型数据库

非关系型数据库也被称为 NoSQL 数据库，本意是"Not Only SQL"，作为传统数据库的一个有效补充。NoSQL 数据库在特定的场景下可以发挥出难以想象的高效率和高性能。

随着 Web 2.0 网站的兴起，海量数据对关系型数据库存储的容量要求高，单机无法满足需求，很多时候需要用集群来解决问题，关系型数据库就显得力不从心了，非关系型数据库因而诞生。实际上，非关系型数据库就是针对特定场景，以高性能和使用便利为目的功能而特异化的数据库产品，如 Google 的 BigTable 与 Amazon 的 Dynamo。图 3 - 13 为关系型数据库到非关系型数据库示例。

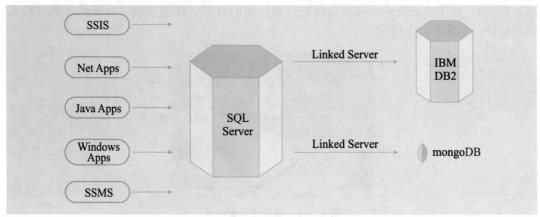

图 3 - 13　关系型数据库到非关系型数据库

任务二
数据库管理系统与数据库系统

一、实体与数据库

实体是客观存在并可互相区别的事物。就数据库而言，实体往往指某类事物的集合。可以是具体的人、事、物，也可以是抽象的概念、联系。在现实世界，实体并不是孤立存在的，实体与实体之间也存在联系。例如，课程与学生之间存在学生学习课程的联系，课程与老师之间存在老师创建课程的联系。实体数据的存储要求是：必须按照一定的分类和规律存储。而数据库是专门用来存储这些实体信息的数据集合。其具有的特点包括：海量存储数据，数据检索方便；保持数据信息的一致、完整，并实现数据的共享和安全；通过组合分析，产生新的有用的信息。

实体存储的基本单元是数据表。数据表为实体信息存储的基本单元，同类实体存放在同一个表中，表又称为实体的集合。表中的行（记录）即实体，表中的列（字段）为实体的属性，如图 3-14 所示。

ID	Name	Gender	Birthday
10000	张三	男	19990201
10001	李四	女	20010203
10002	王五	男	20050506
10003	赵六	女	20070508
10004	冯七	男	20090804
10005	杜八	女	20120506
10006	马九	男	20120504

图 3-14　数据表 9

不同实体存储在不同的数据表中，如图 3-15 所示。

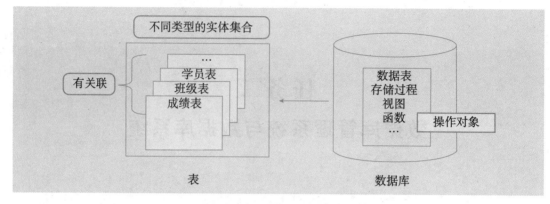

图 3-15 表与数据库的关系

二、数据库管理系统

数据库管理系统（DataBase Management System，DBMS）是一种操纵和管理数据库的软件，用于建立、使用和维护数据库。它对数据库进行统一的管理和控制，以保证数据库的安全性和完整性。用户通过 DBMS 访问数据库中的数据，数据库管理员也通过 DBMS 进行数据库的维护工作。它可使多个应用程序和用户用不同的方法在同时或不同时刻去建立、修改和询问数据库。

数据库管理系统主要提供如下功能。

1．数据定义

DBMS 提供数据定义语言 DDL（Data Definition Language），供用户定义数据库的三级模式结构、两级映像以及完整性约束和保密限制等约束。DDL 主要用于建立、修改数据库的库结构。DDL 所描述的库结构仅仅给出了数据库的框架，数据库的框架信息被存放在数据字典（Data Dictionary）中。

2．数据操作

DBMS 提供数据操作语言 DML（Data Manipulation Language），供用户实现对数据的追加、删除、更新、查询等操作。

3．数据库的运行管理

数据库的运行管理功能是 DBMS 的运行控制、管理功能，包括多用户环境下的并发控制、安全性检查和存取限制控制、完整性检查和执行、运行日志的组织管理、事务的管理和自动恢复，即保证事务的原子性。这些功能保证了数据库系统的正常运行。

4．数据组织、存储与管理

DBMS 要分类组织、存储和管理各种数据，包括数据字典、用户数据、存取路径等，需要确定以何种文件结构和存取方式在存储级别上组织这些数据，如何实现数据之间的联系。数据组织和存储的基本目标是提高存储空间利用率，选择合适的存取方法以提高存取效率。

5. 数据库的保护

数据库中的数据是信息社会的战略资源，所以对数据的保护至关重要。DBMS 对数据库的保护通过 4 个方面来实现：数据库的恢复、数据库的并发控制、数据库的完整性控制、数据库的安全性控制。DBMS 的其他保护功能还有系统缓冲区的管理以及数据存储的某些自适应调节机制等。

6. 数据库的维护

一个数据库被创建后的工作叫作数据库维护。数据库维护比数据库的创建和使用更难，这一部分包括：备份系统数据、恢复数据库系统、产生用户信息表，为信息表授权、监视系统运行状况、及时处理系统错误、保护系统数据安全，周期更改用户口令。这些功能分别由各个使用程序来完成。

7. 通信

DBMS 具有与操作系统的联机处理、分时系统及远程作业输入的相关接口，负责处理数据的传送。对网络环境下的数据库系统，还应该包括 DBMS 与网络中其他软件系统的通信功能以及数据库之间的互操作功能。

总之，数据库管理系统（DBMS）是一个供用户使用的数据库管理软件，目的是通过数据库管理软件完成对数据库数据的处理。其功能如图 3 - 16 所示。

图 3 - 16　数据库管理软件管理数据库数据

对非专业人士来说，借助应用程序实现对数据库的操作更为便捷。应用程序是根据用户需求开发的具有业务逻辑的管理软件。专业人士直接通过数据库管理软件（DBMS）管理数据库。普通用户即非专业人士可以通过应用程序指挥 DBMS 完成数据处理，如图 3 - 17 所示。

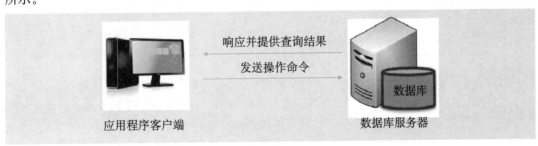

图 3 - 17　数据库管理软件与应用程序交互

三、数据库系统

数据库系统（DataBase System，DBS）一般由 4 个部分组成：

1. 数据库（DataBase，DB）

数据库是指长期存储在计算机内的、有组织、可共享的数据的集合。数据库中的数据按一定的数学模型组织、描述和存储，具有较小的冗余、较高的数据独立性和易扩展性，并可为各种用户共享。

2. 硬件

硬件构成计算机系统的各种物理设备，包括存储所需的外部设备。硬件的配置应满足整个数据库系统的需要。

3. 软件

软件包括操作系统、数据库管理系统及应用程序。数据库管理系统是数据库系统的核心软件，是在操作系统（如 Windows、Linux 等操作系统）的支持下工作，解决如何科学地组织和存储数据、如何高效地获取和维护数据的系统软件。其主要功能包括：数据定义功能、数据操纵功能、数据库的运行管理和数据库的建立与维护。

4. 人员

人员主要有 4 类。

第一类为系统分析员和数据库设计人员。系统分析员负责应用系统的需求分析和规范说明，他们和用户及数据库管理员一起确定系统的硬件配置，并参与数据库系统的概要设计。数据库设计人员负责数据库中数据的确定、数据库各级模式的设计。

第二类为应用程序员，负责编写使用数据库的应用程序。这些应用程序可对数据进行检索、建立、删除或修改。

第三类为最终用户，他们利用系统的接口或查询语言访问数据库。

第四类为数据库管理员（DataBase Administrator，DBA），负责数据库的总体信息控制。数据库管理员的具体职责包括：确定数据库中的信息内容，决定数据库的存储结构和存取策略，定义数据库的安全性要求和完整性约束条件，监控数据库的使用和运行，负责数据库的性能改进、数据库的重组和重构，以提高系统的性能。

任务三
数据库系统与数据库、数据库管理系统、数据库应用系统的关系

通常来说，数据库系统（DBS）包括：数据库（DB）、硬件、软件和人员。下面主要分析数据库系统、数据库管理系统、数据库应用系统三者的区别与联系。

一、数据库系统、数据库管理系统、数据库应用系统三者的区别

1. 本质不同

数据库系统是一种软件系统，数据库管理系统本质上就是一个软件，而数据库应用系统则是一个计算机应用系统。

数据库系统是为适应数据处理的需要而发展起来的一种较为理想的数据处理系统，也是一个为实际可运行的存储、维护和应用系统提供数据的软件系统，是存储介质、处理对象和管理系统的集合体。

数据库管理系统就是实现把用户意义下抽象的逻辑数据处理，转换成为计算机中具体的物理数据处理的软件。

数据库应用系统是在数据库管理系统（DBMS）支持下建立的一种计算机应用系统。

2. 组成成分不同

数据库系统通常由数据库（DB）、硬件、软件和人员组成，其中的软件部分主要包括操作系统、数据库管理系统以及应用程序。

数据库管理系统由数据库语言和数据库管理例行程序组成。

数据库应用系统是由数据库系统、应用程序系统、用户组成的，具体包括数据库、数据库管理系统、数据库管理员、硬件平台、软件平台、应用软件、应用界面，如图 3-18 所示。

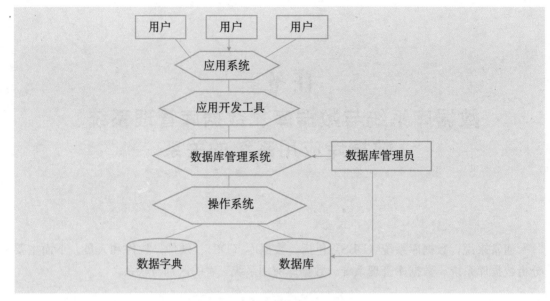

图 3-18　数据库系统架构

二、数据库系统、数据库管理系统、数据库应用系统三者的联系

（1）三者都用于管理数据库，功能都是对数据库进行管理。

（2）数据库系统和数据库应用系统的组成成分中都包含有数据库管理系统，这两者都是通过数据库管理系统来实现对数据库的管理和操控。

任务四
SQL 与数据库的关系

一、数据结构化及相关概念

在信息社会，信息可以划分为两大类。一类信息能够用数据或统一的结构加以表示，我们称之为结构化数据，如数字、符号；而另一类信息无法用数字或统一的结构表示，如文本、图像、声音、网页等，我们称之为非结构化数据。结构化数据属于非结构化数据，是非结构化数据的特例。

（1）结构化数据：即行数据，是由二维表结构来逻辑表达和实现的数据，严格地遵循数据格式和长度规范，主要通过关系型数据库进行存储和管理。数据集中每条数据属性的数量和顺序相同，且数据的结构信息和数据内容是分离的，最典型的是关系型数据库的表。

（2）非结构化数据：顾名思义，就是没有固定结构的数据，常见的各种文档、图片、视频/音频等都属于非结构化数据。对于这类数据，一般以二进制的形式进行整体存储，包括所有格式的办公文档、文本、图片、XML、HTML、各类报表、图像和音频/视频信息等。

（3）半结构化数据：就是介于完全结构化数据（如关系型数据库、面向对象数据库中的数据）和完全无结构化数据（如声音、图像文件等）之间的数据，指带有自描述信息的数据，即数据的结构信息和数据内容混在一起，没有明显的区分。常见的 XML、JSON、HTML 和 CSV 等文件就属于半结构化数据。

二、SQL 与数据库

SQL 就是结构化查询语言（Structure Query Language），被美国国家标准局（ANSI）确定为关系型数据库语言的美国标准，后来被国际化标准组织（ISO）采纳为关系型数据库语言的国际标准。各数据库厂商都支持 ISO 的 SQL 标准。

关于 SQL 与数据库的概念的关系，很多新接触数据库的人就以为 SQL 就是用来存储数据的数据库，还有的以为 SQL 是数据库的一种。这两种说法都是不准确的。

为了便于理解，举例如下：如果数据就是一张张的表格，我们就可以按照不同的表格关系放在不同的文件夹里，这个文件夹就相当于数据库的基础构成要素——数据表。

而当我们的文件夹也非常繁多复杂的时候，我们就可以将文件夹按照不同的构成分类储存在文件柜中，每个文件柜中可能有非常多的分类用来存放不同的文件夹，这个文件柜就相当于数据库。而当我们想要从文件柜中找到某份文件的时候，我们需要按照一定的规则去寻找，比如说"合同文件放在第三层第四排的架子上"，这种查找规则的实施就需要数据库管理系统（DBMS）来实现，相当于一名文件管理员，帮助我们管理数据库中的数据，如图3-19所示。

图3-19 数据、表、数据库的关系

最常见的数据库管理系统包括 SqlServer、MySql、Oracle 等。而我们如果想要对文件管理员下达指令，就需要一种沟通语言，这种沟通语言就是 SQL，所以 SQL 就是一种结构化查询语言，用来操作数据库管理系统。

🖥️ **知识拓展**

SQL 的由来

1974 年，IBM 的 Ray Boyce 和 Don Chamberlin 将 Codd 关系数据库的 12 条准则的数学定义以简单的关键字语法表现出来，里程碑式地提出了 SQL 语言（Structured Query Language）。SQL 语言的功能包括查询、操纵、定义和控制，是一个综合的、通用的关系型数据库语言，同时也是一种高度非过程化的语言，只要求用户指出做什么而不需要指出怎么做。SQL 集成实现了数据库生命周期中的全部操作。SQL 提供了与关系型数据库进行交互的方法，它可以与标准的编程语言一起工作。自产生之日起，SQL 语言便成了检验关系型数据库的试金石，而 SQL 语言标准的每一次变更都指导着关系型数据库产品的发展方向。然而，直到 20 世纪 70 年代中期，关系理论才通过 SQL 在商业数据库 Oracle 和 DB2 中使用。

▶▶▶▶▶▶▶ 项目小结 ◀◀◀◀◀◀◀

　　本项目主要阐述了数据库、数据库系统、数据库应用系统与数据库管理系统（DBMS）以及它们之间的关系，并对结构化、非结构化以及半结构化数据进行了对比。本项目还涉及实体的概念以及数据库标准化语言 SQL 的基础知识。通过本项目的学习，学生能够明晰数据库、数据库系统与数据库应用、数据库管理系统的区别与联系，以及 SQL 数据库标准语言及结构化数据的特点，为后面学习大数据相关知识做准备。

▶▶▶▶▶▶▶ 实训练习 ◀◀◀◀◀◀◀

📖 应知考核

一、填空题

1. 信息时代的到来，数据存储的方式才发生了重大变革并朝着两分方向发展：____与_____。

2. _____是有组织的数据集合。它是模式（schema）、表（table）、查询（query）、报告（report）、视图（view）和其他对象的集合。

3. 最常用的数据库模式主要有两种，即_____和_____。

4. 关系型数据库是基于关系代数模型发展而来的，常用的关系型数据库有_____等。

5. _____是一种操纵和管理数据库的软件，用于建立、使用和维护数据库，它对数据库进行统一的管理和控制，以保证数据库的安全性和完整性。

6. 数据库管理系统主要提供如下功能：_____。

7. 结构化数据是指_____。

8. 非结构化数据是指_____。

二、判断题

1. 数据库就是数据表。（　　）

2. 数据表的列为实体属性。（　　）

3. 数据库管理系统就是数据库的建立者。（　　）

4. 数据库系统包含数据库管理系统。（　　）

5. SQL 是数据库管理系统。（　　）

6. 数据库应用系统包含数据库系统。（　　）

7. 数据表中的每一行即一个实体。（　　）

8. 数据库系统即很多个数据库的集合。（　　）

9. NoSQL 数据库就是非结构化数据库。（　　）

10. 非结构化数据库是 NoSQL 数据库。（　　）

应会考核

1. 简述数据库、数据库管理系统、数据库系统之间的关系。

2. 举例说明结构化数据、非结构化数据和半结构化数据。

3. 阐述 SQL 的含义。

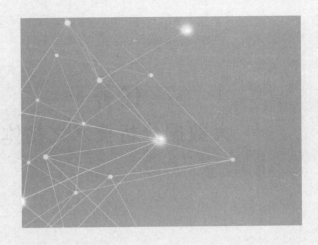

项目四
大数据分析技术及相关应用

知识目标
- 了解大数据分析基本流程
- 了解大数据处理和分析工具
- 了解大数据技术在相关行业中的应用

能力目标
- 帮助学生形成大数据分析的业务思维和流程规划能力
- 培养学生具备依托大数据技术辅助管理决策的应用能力

素质目标
通过本项目的学习，学生应具备大数据分析的一般能力。

任务一
大数据分析技术之初体验

一、传统方式下数据处理和分析

所有业务分析都是基于数据进行的。传统意义上，这意味着是企业自己创建和存储的结构化数据，如 CRM 系统中的客户数据、ERP 系统中的运营数据，以及会计数据库中的财务数据。得益于社交媒体和网络服务（如 Facebook、Twitter）、数据传感器以及网络设备、机器和人类产生的网上交易，以及其他来源的非结构化和半结构化的数据的普及，企业现有数据的体积和类型以及为追求最大商业价值而产生的近实时分析的需求正在迅速增加。我们称这些为大数据，而大数据分析通常是指对规模巨大的数据进行分析，通过多个学科技术的融合，实现数据的采集、管理和分析，从而发现新的知识规律。

传统的数据管理和业务分析工具及技术都面临大数据的压力，与此同时，帮助企业获得来自大数据分析见解的新方法不断涌现。这些新方法采取一种完全不同于传统工具和技术的方式进行数据处理、分析和应用。这些新方法包括开源框架 Hadoop、NoSQL 数据库（如 Cassandra 和 Accumulo）以及大规模并行分析数据库（如 EMC 的 Greenplum 和惠普的 Vertica）。这意味着，企业也需要从技术和文化两个角度重新思考他们对待业务分析的方式。

传统上，为了特定分析目的而进行的数据处理都是基于相当静态的蓝图。通过常规的业务流程，企业通过 CRM、ERP 和财务系统等应用程序，创建基于稳定数据模型的结构化数据。数据集成工具用于从企业应用程序和事务型数据库中提取、转换和加载数据到一个临时区域，在这个临时区域进行数据质量检查和数据标准化，数据最终被模式化到整齐的行和表。这种模型化和清洗过的数据被加载到企业级数据仓库。这个过程会周期性发生，如每天或每周，有时会更频繁。传统的数据处理/分析如图 4-1 所示。

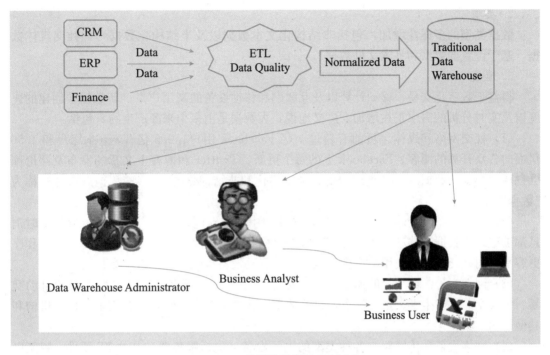

图 4-1　传统的数据处理/分析

在传统数据仓库中，数据仓库管理员创建计划，定期计算仓库中的标准化数据，并将产生的报告分配到各业务部门。他们还为管理人员创建仪表板和其他功能有限的可视化工具。

同时，业务分析师利用数据分析工具在数据仓库进行高级分析，或者通常情况下，由于数据量的限制，将样本数据导入本地数据库中。非专业用户通过前端的商业智能工具（如 SAP 的 Business Objects 和 IBM 的 Cognos）对数据仓库进行基础的数据可视化和有限的分析。传统数据仓库的数据量很少超过几个 TB，因为大容量的数据会占用数据仓库资源并且降低性能。

二、大数据性质的变化

Web、移动设备和其他技术的出现导致数据性质的根本性变化。大数据具有重要而独特的特性，这种特性使得它与"传统"企业数据区分开来，不再集中化、高度结构化并且易于管理。与以往任何时候相比，现在的数据都是高度分散的、结构松散的（如果存在结构的话）并且体积越来越大。具体来说，大数据性质的变化体现在以下几点：

1. 体积

通过 Web、移动设备、IT 基础设施和其他来源产生的企业内部和防火墙外的数据量每年都在成倍增加。

2. 类型

数据类型的多样性增加，包括非结构化文本数据以及半结构化数据（如社交媒体数据、基于位置的数据和日志文件数据）。

3. 速度

得益于数字化交易、移动计算以及互联网和移动设备的高用户量，新数据被创建的速度以及实时分析的需求正在增加。广义地说，大数据是由多个来源产生的，包括：

（1）社交网络和媒体。目前有超过 7 亿 Facebook 用户、2.5 亿 Twitter 用户和 1.56亿面向公众开放的博客。Facebook 上的每个更新、Twitter 和博客上文章的发布及评论都会创建多个新的数据点（包含结构化、半结构化和非结构化的），这些数据点有时被称为"数据废气"。

（2）移动设备。全球有超过 50 亿正在使用中的移动电话。每次呼叫、短信和即时消息都被记录为数据。移动设备（尤其是智能手机和平板电脑）让使用社交媒体等应用程序更容易，而社交媒体的使用会产生大量数据。移动设备也收集和传送位置数据。

（3）网上交易。数十亿的网上购物、股票交易等每天都在发生，包括无数的自动交易。每次交易都产生了大量数据点，这些数据点会被零售商、银行、信用卡、信贷机构和其他机构收集。

（4）网络设备和传感器。各种类型的电子设备（包括服务器和其他 IT 硬件、智能电表和温度传感器）都会创建半结构化的日志数据记录每一个动作。

大数据与传统数据既有联系又有区别，两者的区别见表 4-1。

表 4-1　传统数据与大数据的区别

类型	传统数据	大数据
字节	千兆字节、百万兆字节	拍字节（PB）、艾字节（EB）
存储方式	集中化	分布式
数据结构	结构化	半结构化和非结构化
存储模式	稳定的数据模型	平面模式
内部联系	已知的复杂的内部关系	不复杂的内部关系

从时间或成本效益上看，传统的数据仓库等数据管理工具都无法实现大数据的处理和分析工作。也就是说，只有将数据组织成关系表（整齐的行和列数据），传统的企业级数据仓库才可以处理。由于需要的时间和人力成本，这对海量的非结构化数据应用这种结构是不切实际的。此外，扩展传统的企业级数据仓库使其适应潜在的 PB 级数据需要在新的专用硬件上投资巨额资金。而由于数据加载这一个瓶颈，传统数据仓库的性能也会受到影响。

对于大多数企业而言，这种转变并不容易，但对于接受转变并将大数据作为业务分析实践基石的企业来说，它们会拥有远远超过同行业的显著竞争优势。大数据助力复杂的业务分析可能为企业带来前所未有的关于客户行为以及变化的市场环境的深入洞察，使得他们能够更快速地做出数据驱动业务的决策，从而比竞争对手更有效率。

　　从存储及支持大数据处理的服务器端技术到为终端用户带来鲜活的新见解的前端数据可视化工具，大数据的出现也为硬件、软件和服务供应商提供了显著的机会。这些帮助企业过渡到大数据实践者的供应商，无论是提供增加商业价值的大数据应用，还是发展让大数据变为现实的技术和服务，都将得到显著增长。

　　大数据是所有行业新的权威的竞争优势。认为大数据是昙花一现的企业和技术供应商很快就会发现自己需要很辛苦才能跟上那些提前思考的竞争对手的步伐。在我们看来，他们是非常危险的。对于那些理解并拥抱大数据现实的企业，新创新、高灵活性，以及高盈利能力的可能性几乎是无止境的。

　　因此，需要处理和分析大数据的新工具。

任务二
大数据分析生命周期

由于被处理数据的容量、速率和多样性的特点，大数据分析不同于传统的数据分析。为了处理大数据分析需求的多样性，我们需要一步步地使用采集、处理、分析和重用数据等方法。接下来，我们将研究特定的数据分析生命周期，也称为数据分析流程。这个数据分析生命周期可以组织和管理与大数据分析相关的任务和活动。从大数据的采用和规划的角度来看，除了生命周期以外，我们还必须考虑数据分析团队的培训、教育、工具和人员配备的问题。

大数据分析的生命周期可以分为以下七个阶段：（1）明确目的；（2）数据获取；（3）数据存储；（4）数据处理；（5）数据分析；（6）数据可视化；（7）报告撰写。

大数据分析的生命周期的不同阶段所需的大数据技术也不尽相同。从大数据分析的生命周期角度看，大数据技术主要包括数据收集、数据存储、数据处理、数据分析、数据可视化。

一、数据收集

数据收集是在明确数据分析的目的后获取数据的过程，可以为数据分析提供直接的素材和依据。在收集数据时，数据来源包括两种方式：一是直接数据，通过直接来源获取的数据是第一手数据，这类数据主要来源于直接的调查或实验的结果；二是间接数据，也称为第二手数据，第二手数据一般来源于他人的调查或实验，是对结果进行加工整理后的数据。

在实际工作中，获取数据的方式有很多种，包括数据库、公开出版物、统计工具、市场调查，具体介绍如下。

1. 数据库

现代企业都有自己的业务数据库，用来存放公司自成立以来的相关的业务数据，在做数据分析时要对业务数据库中庞大的数据资源善加利用，发挥出它的作用。

例如，电商数据分析人员可以通过网站用户数据、订单数据、反馈数据这几种方式获取相应的网站数据：

（1）网站用户数据：包括注册时间、用户性别、所属地域、来访次数、停留时间等。

（2）订单数据：包括下单时间、订单数量、商品品类、订单金额、订购频次等。

（3）反馈数据：包括客户评价、退货换货、客户投诉等。

2. 公开出版物

在数据分析中，有时会需要一些比较专业的数据，这些数据可以通过公开出版物获取，如中国统计网、各行各业的发展报告等。

3. 统计工具

专业的网站统计工具有很多，国内常用的网站统计工具有百度统计和 CNZZ（现已改名为友盟＋）等。通过这些统计工具，我们可以获取访客来自哪些地域、访客来自哪些网站、访客来自哪些搜索词、访客浏览了哪些页面等数据信息，并且能根据需要进行广告跟踪等。

4. 市场调查

市场调查就是用科学的方法，有目的、系统地搜集、记录、整理和分析市场情况，了解市场的现状以及发展趋势，为企业的决策者进行市场预测、做出经营决策、制订计划提供客观、正确的依据。市场调查的常用方法有：观察法、实验法、访问法、问卷法等。

二、数据存储

数据的有效存储是大数据技术的基础。数据存储技术的发展主要经历了以下几个阶段：

1. 关系型数据库

传统的数据处理技术以关系型数据库作为基本的存储方式。在关系型数据库中，通常要把待分析的数据处理成一张表的形式，表的每一行称为一个实例、对象或样本，表的每一列称为属性、特征或变量。关系型数据库强调的是密集的数据更新处理性能和系统的可靠性，而不同系统产生的业务数据存放于分散、异构的环境中，不易统一查询访问，因而在针对支持决策而进行的数据分析处理上难以满足多样化的需求。

2. 数据仓库

为了将大量的业务数据用于分析和统计，人们提出了数据仓库的概念。一个完整的数据仓库主要由四部分构成：数据源、数据仓库和数据集市、OLAP 服务器，以及前台分析工具。其中，数据仓库中的数据源包括联机事务处理系统、外部数据源、历史业务数据集等，前台分析工具主要包括各种报表工具、查询工具、数据分析工具、数据挖掘工具，以及各种基于数据仓库和数据集市的应用开发工具等。

3. 非关系型数据库和分布式文件系统

在 Web 2.0 时代，互联网更加注重用户交互，网站信息的提供者由传统网站管理员变成了普通用户。用户提供的信息是海量的，从航班预订、股票交易到通信、购物、娱乐、社交，数据量从 TB 级升至 PB 级，并仍在持续爆炸式地增长。为了应对大数据时代海量

互联网数据的存储和管理，非关系型数据库和分布式文件系统应运而生，非关系型数据库和分布式文件系统使得数据的存储可以发展到数以千计的节点上，具有更高的可用性和可扩展性。

三、数据处理

在数据分析师获取的大量数据中，并不是所有的数据都具有价值，这时就需要数据分析师对数据进行处理加工来提取有价值的数据。在数据分析中，数据处理是必不可少的一个环节，主要包括数据清理、数据转换、数据提取、数据汇总、数据计算等数据处理方法。

四、数据分析

数据分析师对处理过的数据进行分析，通过合适的方法及工具，从中推导出有价值的信息并形成有效结论的过程。

在确定数据分析思路的阶段，同时应根据分析内容确定合适的分析方法，这样才能从容地对数据进行分析研究。

目前，数据分析多是通过软件来完成的，简单实用的软件有人们比较熟悉的 Excel，专业高端的分析软件有 SPSS（统计产品与解决方案软件）和 SAS（统计分析软件）等。另外，在电商数据分析中，我们还需要使用生意参谋等专门的数据分析工具。

五、数据可视化

数据可视化是将数据分析结果通过直观的方式（表格、图形等）呈现出来。通过数据展现，决策者能够更好地理解数据分析结果。

通常情况下，表格和图形是展现数据的最好方式。常用的数据图表包括条形图、柱形图、饼图、折线图、散点图、雷达图等。根据需求，数据分析师可以将分析完成的数据进一步整理成相应的图表，如漏斗图、矩阵图、金字塔图等。因为图形能够更直观、有效地将数据分析师的结论和观点表达出来，所以人们更乐于接受用图形展现数据的方式。

📖 知识拓展

数据挖掘与数据分析的区别

数据分析一般都是得到一个指标统计量结果，如总和、平均值等。这些指标数据只有与业务相结合进行解读，才能发挥数据的价值与作用。

数据挖掘一般是指从大量的数据中通过算法搜索隐藏在其中有价值的信息的过程。数据挖掘侧重于解决四类问题：分类、聚类、关联和预测（定量、定性），其重点在于寻找未知的模式与规律。

总体来说，数据分析与数据挖掘的本质是一样的，都是从数据中发现关于业务的有价值的信息，只不过分工不同。

如果对数据挖掘比较感兴趣，可以在掌握一定的数据分析知识后，查找相关的资料进行学习。

任务三
大数据处理和分析工具

目前市场上存在多种方法处理和分析大数据，但多数都有一些共同的特点，即它们利用硬件的优势，使用扩展的、并行的处理技术，采用非关系型数据存储处理非结构化和半结构化数据，并对大数据运用高级分析和数据可视化技术，向终端用户传达见解。

目前较流行的将会改变业务分析和数据管理市场的大数据分析技术有以下三种。

一、Hadoop

Hadoop 是一个处理、存储和分析海量的分布式、非结构化数据的开源框架，最初由雅虎的道格·卡廷（Doug Cutting）创建。Hadoop 的灵感来自 MapReduce，MapReduce 是 Google 在 21 世纪初期开发的用于网页索引的用户定义函数。它被设计用来处理分布在多个并行节点的 PB 级和 EB 级数据。

Hadoop 集群运行在廉价的商用硬件上，这样硬件扩展就不存在资金压力。Hadoop 现在是 Apache 软件联盟（The Apache Software Foundation）的一个项目，数百名贡献者不断改进其核心技术。与将海量数据限定在一台机器上运行的方式不同，Hadoop 将大数据分成多个部分，这样每个部分都可以被同时处理和分析。

（一）Hadoop 的发展史

Hadoop 的雏形开始于 2002 年 Apache 的 Nutch，Nutch 是一个开源 Java 实现的搜索引擎。它提供了我们运行自己的搜索引擎所需的全部工具，包括全文搜索和 Web 爬虫。

随后在 2003 年，Google 发表了一篇关于 Google 文件系统（Google File System，GFS）的技术学术论文。GFS 是 Google 公司为了存储海量搜索数据而设计的专用文件系统。

2004 年，Nutch 创始人 Doug Cutting 基于 Google 的 GFS 论文实现了分布式文件存储系统，名为 HDFS。

2004 年，Google 又发表了一篇关于 MapReduce 的技术学术论文。MapReduce 是一种编程模型，用于大规模数据集（大于 1 TB）的并行分析运算。

2005 年，Doug Cutting 又基于 MapReduce，在 Nutch 搜索引擎实现了该功能。

2006 年，Yahoo 雇用了 Doug Cutting，Doug Cutting 将 HDFS 和 MapReduce 升级命名为 Hadoop，Yahoo 建立了一个独立的团队给 Goug Cutting 专门研究发展 Hadoop。

不得不说，Google 和 Yahoo 对 Hadoop 的贡献功不可没。

Hadoop 框架中最核心的设计就是：MapReduce 和 HDFS。MapReduce 的思想是由 Google 的一篇论文所提及而被广为流传的，简单的一句话解释，MapReduce 就是"任务的分解与结果的汇总"，即为海量的数据提供了处理和计算。HDFS 是 Hadoop 分布式文件系统（Hadoop Distributed File System）的缩写，为海量的数据提供了存储功能，为分布式计算存储提供了底层支持。

我们已经知道，Hadoop 是 Google 的 MapReduce 的一个 Java 实现。MapReduce 是一种简化的分布式编程模式，让程序自动分布到一个由普通机器组成的超大集群上并发执行。Hadoop 主要由 HDFS、MapReduce 和 HBase 等组成。具体的 Hadoop 的组成如图 4-2 所示：

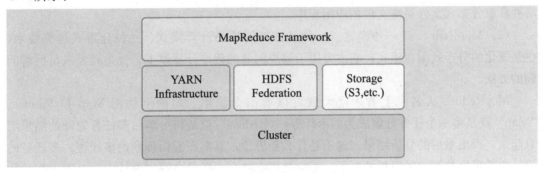

图 4-2　Hadoop 的组成图

由图 4-2，我们可以看到：

（1）Hadoop HDFS 是 Google GFS 存储系统的开源实现，主要应用场景是作为并行计算环境（MapReduce）的基础组件，同时也是 BigTable（如 HBase、HyperTable）的底层分布式文件系统。HDFS 采用 master/slave 架构。一个 HDFS 集群是由一个 Namenode 和一定数目的 Datanode 组成。Namenode 是一个中心服务器，负责管理文件系统的 namespace 和客户端对文件的访问。Datanode 在集群中一般是一个节点一个，负责管理节点上它们附带的存储。在内部，一个文件其实分成一个或多个 block，这些 block 存储在 Datanode 集合里，如图 4-3 所示。

图 4-3 中展现了整个 HDFS 的三个重要角色：Namenode、Datanode 和 Client。Namenode 可以看作分布式文件系统中的管理者，主要负责管理文件系统的命名空间、集群配置信息和存储块的复制等。Namenode 会将文件系统的 Metadata 存储在内存中，这些信息主要包括文件信息、每一个文件对应的文件块的信息和每一个文件块在 Datanode 中

大数据基础

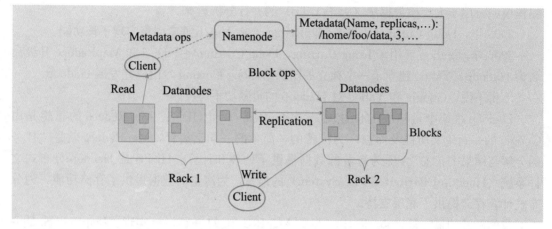

图 4 - 3　HDFS Architecture

的信息等。Datanode 是文件存储的基本单元，它将 Block 存储在本地文件系统中，保存了 Block 的 Metadata，同时周期性地将所有存在的 Block 信息发送给 Namenode。Client 就是需要获取分布式文件系统文件的应用程序。

（2）MapReduce 是一种模式、一种云计算的核心计算模式、一种分布式运算技术，也是简化的分布式编程模式，它主要用于解决问题的程序开发模型，也是开发人员拆解问题的方法。

MapReduce 从名字上看，就大致可以看出个缘由，即两个动词 Map 和 Reduce。"Map"就是将一个任务分解成为多个任务，"Reduce"就是将分解后多任务处理的结果汇总起来，得出最后的分析结果。这不是什么新思想，其实在前面提到的多线程、多任务的设计中就可以找到这种思想的影子。不论是现实社会，还是在程序设计中，一项工作往往可以被拆分成为多个任务，任务之间的关系可以分为两种：一种是不相关的任务，可以并行执行；另一种是任务之间有相互的依赖，先后顺序不能够颠倒，这类任务是无法并行处理的。在分布式系统中，机器集群就可以看作硬件资源池，将并行的任务拆分，然后交由每一个空闲机器资源去处理，能够极大地提高计算效率，同时这种资源的无关性对于计算集群的扩展无疑提供了最好的设计保证。任务分解处理以后，那就需要将处理后的结果再汇总起来，这就是 Reduce 要做的工作。

用一个简单的例子来解释 MapReduce 原理：我们要数图书馆中的所有书，张三数 1 号书架，李四数 2 号书架，这就是"Map"。我们人越多，数书就更快。现在我们到一起，把所有人的统计数加在一起，这就是"Reduce"。

MapReduce 模式的主要思想是将自动分割要执行的问题（如程序）拆解成 Map（映射）和 Reduce（化简）的方式，流程图如图 4-4 所示：

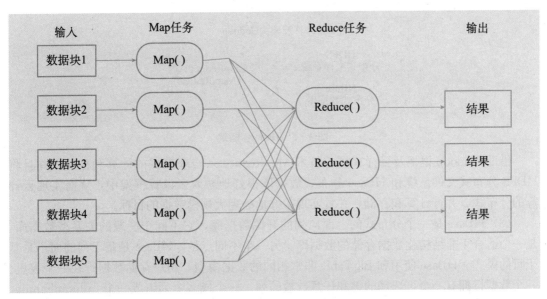

图 4 - 4　MapReduce 的处理流程图

在数据被分割后通过 Map 函数的程序将数据映射成不同的区块,分配给计算机机群处理,达到分布式运算的效果,然后通过 Reduce 函数的程序将结果汇总,从而输出开发者需要的结果。

MapReduce 借鉴了函数式程序设计语言的设计思想,其软件实现是指定一个 Map 函数,把键值对(key/value)映射成新的键值对(key/value),形成一系列中间结果形式的键值对(key/value)对,然后把它们传给 Reduce 函数,把具有相同中间形式 key 的 value 合并在一起。Map 和 Reduce 函数具有一定的关联性。

MapReduce 致力于解决大规模数据处理的问题,因此在设计之初就考虑了数据的局部性原理,利用局部性原理将整个问题分而治之。MapReduce 集群由普通 PC 机构成,为无共享式架构。在处理之前,将数据集分布至各个节点。处理时,每个节点就近读取本地存储的数据处理(map),将处理后的数据进行合并(combine)、排序(shuffle and sort)后再分发(至 reduce 节点),避免了大量数据的传输,提高了处理效率。无共享式架构的另一个优点是配合复制(replication)策略,集群可以具有良好的容错性,一部分节点的down 机对集群的正常工作不会造成影响。

Hadoop 是一个实现了 MapReduce 计算模型的开源分布式并行编程框架,程序员可以借助 Hadoop 编写程序,将所编写的程序运行于计算机机群上,从而实现对海量数据的处理。

此外,Hadoop 还提供了一个分布式文件系统(HDFS)及分布式数据库(HBase)用来将数据存储或部署到各个计算节点上。因此,我们可以大致认为:Hadoop=HDFS(文件系统,数据存储技术相关)+HBase(数据库)+MapReduce(数据处理)。Hadoop 框架如图 4 - 5 所示:

图 4 – 5　Hadoop 框架

借助 Hadoop 框架及云计算核心技术 MapReduce 来实现数据的计算和存储,并且将 HDFS 分布式文件系统和 HBase 分布式数据库很好地融入云计算框架中,从而实现云计算的分布式、并行计算和存储,并且实现很好地处理大规模数据的目标。

(3) HBase 是一个分布式的、面向列的开源数据库,它不同于一般的关系型数据库,是一个适合于非结构化数据存储的数据库。另一个不同点是,HBase 是基于列的而不是基于行的模式。HBase 使用和 BigTable 非常相同的数据模型。用户存储数据行在一个表里。一个数据行拥有一个可选择的键和任意数量的列,一个或多个列组成一个 ColumnFamily,一个 Fmaily 下的列位于一个 HFile 中,易于缓存数据。表是疏松地存储的,因此用户可以给行定义各种不同的列。在 HBase 中,数据按主键排序,同时表按主键划分为多个 HRegion。HBase 数据表结构图如图 4 – 6 所示:

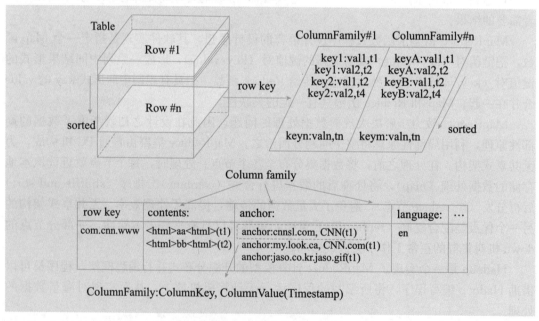

图 4 – 6　HBase 数据表结构图

(二) Hadoop 如何工作

客户从日志文件、社交媒体供稿和内部数据存储等来源获得非结构化和半结构化数据。它将数据打碎成"部分",这些"部分"被载入商用硬件的多个节点组成的文件系统。Hadoop 的默认文件存储系统是 Hadoop 分布式文件系统。文件系统(如 HDFS)善于存储大量非结构化和半结构化数据,因为它们不需要将数据组织成关系型的行和列。各"部分"被复制多次,并加载到文件系统。这样,如果一个节点失效,另一个节点包含失效节点数据的副本。名称节点充当调解人,负责沟通信息,如哪些节点是可用的,某些数据存储在集群的什么地方,以及哪些节点是失效的。一旦数据被加载到集群中,它就准备好通过 MapReduce 框架进行分析。客户提交一个"匹配"的任务(通常是用 Java 编写的查询语句)给到一个被称为作业跟踪器的节点。该作业跟踪器引用名称节点,以确定完成工作需要访问哪些数据,以及所需的数据在集群的存储位置。一旦确定,作业跟踪器向相关节点提交查询。每个节点同时、并行处理,而非将所有数据集中到一个位置处理。这是 Hadoop 的一个本质特征。当每个节点处理完指定的作业,它会存储结果。客户通过任务追踪器启动"Reduce"任务。汇总 Map 阶段存储在各个节点上的结果数据,获得原始查询的"答案",然后将"答案"加载到集群的另一个节点中,客户就可以访问这些可以载入多种分析环境进行分析的结果了。MapReduce 的工作就完成了。

一旦 MapReduce 阶段完成,数据科学家和其他人就可以使用高级数据分析技巧对处理后的数据进行进一步分析,也可以对这些数据建模,将数据从 Hadoop 集群转移到现有的关系型数据库、数据仓库等传统 IT 系统进行进一步的分析,如图 4 - 7 所示。

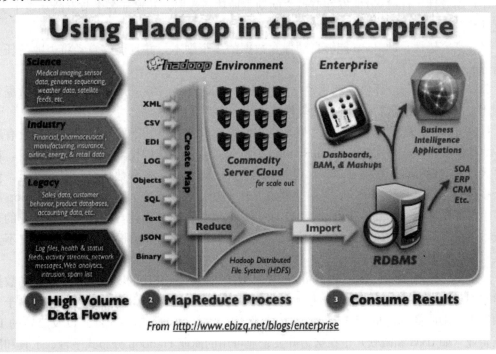

图 4 - 7　MapReduce 工作流程图

（三）Hadoop 的优点和缺点

Hadoop 的主要优点是，它可以让企业以节省成本并高效的方式处理和分析大量的非结构化和半结构化数据，而这类数据迄今还没有其他处理方式。因为 Hadoop 集群可以扩展到 PB 级甚至 EB 级数据，所以企业不再必须依赖于样本数据集，而可以处理和分析所有相关数据。数据科学家可以采用迭代的方法进行分析，不断改进和测试查询语句，从而发现以前未知的见解。使用 Hadoop 的成本也很廉价。开发者可以免费下载 Apache 的 Hadoop 分布式平台，并且在不到一天的时间内开始体验 Hadoop。

简单来说，Hadoop 是一个能够对大量数据进行分布式处理的软件框架。Hadoop 以一种可靠、高效、可伸缩的方式进行数据处理。

Hadoop 是可靠的，因为它假设计算元素和存储会失败，所以它维护多个工作数据副本，确保能够针对失败的节点重新分布处理；Hadoop 是高效的，因为它以并行的方式工作，通过并行处理加快处理速度；Hadoop 还是可伸缩的，能够处理 PB 级数据。

Hadoop 的优点总结如下：

（1）高可靠性。Hadoop 按位存储和处理数据的能力值得人们信赖。

（2）高扩展性。Hadoop 是在可用的计算机集簇间分配数据并完成计算任务的，这些集簇可以方便地扩展到数以千计的节点中。

（3）高效性。Hadoop 能够在节点之间动态地移动数据，并保证各个节点的动态平衡，因此处理速度非常快。

（4）高容错性。Hadoop 能够自动保存数据的多个副本，并且能够自动将失败的任务重新分配。

（5）低成本。与一体机、商用数据仓库以及 QlikView、Yonghong、Z-Suite 等数据集市相比，Hadoop 是开源的，项目的软件成本因此会大大降低。

Hadoop 及其无数组件的不足之处是，它们还不成熟，仍处于发展阶段。就像所有新的、原始的技术一样，实施和管理 Hadoop 集群，对大量非结构化数据进行高级分析，都需要大量的专业知识、技能和培训。但是，目前 Hadoop 开发者和数据科学家的缺乏，使得众多企业维持复杂的 Hadoop 集群并利用其优势变得很不现实。此外，由于 Hadoop 的众多组件都是通过技术社区得到改善的，并且新的组件不断被创建，因此作为不成熟的开源技术，也存在失败的风险。同时，Hadoop 是一个面向批处理的框架，这意味着它不支持实时的数据处理和分析。

业界 IT 人士不断对 Apache Hadoop 项目做出贡献，新一代的 Hadoop 开发者和数据科学家们正在走向成熟。因此，该技术的发展日新月异，逐渐变得更加强大而且更易于实施和管理。供应商（包括 Hadoop 的初创企业 Cloudera 和 Hortonworks）以及成熟的 IT 中坚企业（如 IBM 和微软）正在努力开发企业可用的商业 Hadoop 分布式平台、工具和服务，让传统企业部署和使用这项技术成为现实。其他初创企业正在努力完善 NoSQL（不仅仅是 SQL）数据系统，结合 Hadoop 提供近实时的分析解决方案。总的来说，Hadoop

适合应用于大数据存储和大数据分析的应用，适合于服务器几千台到几万台的集群运行，支持 PB 级的存储容量。Hadoop 的典型应用有：搜索、日志处理、推荐系统、数据分析、视频图像分析、数据保存等。

二、NoSQL

一种称为 NoSQL（Not Only SQL）的新形式的数据库已经出现。像 Hadoop 一样，NoSQL 可以处理大量的多结构化数据。但是，如果说 Hadoop 擅长支持大规模、批量式的历史分析，那么在大多数情况下（虽然也有一些例外），NoSQL 数据库的目的是为最终用户和自动化的大数据应用程序提供大量存储在多结构化数据中的离散数据。这种能力是关系型数据库欠缺的，它根本无法在大数据规模维持基本的性能水平。

在某些情况下，NoSQL 和 Hadoop 协同工作。例如，HBase 是流行的 NoSQL 数据库，它仿照 Google 的 BigTable，通常部署在 HDFS（Hadoop 分布式文件系统）之上，为 Hadoop 提供低延迟的快速查找功能。

目前可用的 NoSQL 数据库包括：HBase，Cassandra，MarkLogic，Aerospike，MongoDB，Accumulo，Riak，CouchDB，DynamoDB。

目前，大多数 NoSQL 数据库的缺点是，为了性能和可扩展性，它们遵从 ACID［原子性（Atomicity）、一致性（Consistency）、隔离性（Isolation）、持久性（Durability）］原则。许多 NoSQL 数据库还缺乏成熟的管理和监控工具。这些缺点在开源的 NoSQL 社区和少数厂商的努力下都在克服过程中，这些厂商包括 DataStax、Sqrrl、10gen、Aerospike 和 Couchbase，它们正在尝试商业化各种 NoSQL 数据库。

三、大规模并行分析数据库

不同于传统的数据仓库，大规模并行分析数据库能够以必需的最小的数据建模，快速获取大量的结构化数据，可以向外扩展以容纳 TB 级甚至 PB 级数据。

对最终用户而言，最重要的是，大规模并行分析数据库支持近乎实时的复杂 SQL 查询结果，也叫交互式查询功能，而这正是 Hadoop 明显缺失的能力。大规模并行分析数据库在某些情况下支持近实时的大数据应用。大规模并行分析数据库的基本特性包括：

1. 大规模并行处理的能力

就像其名字表明的一样，大规模并行分析数据库采用大规模并行处理同时支持多台机器上的数据采集、处理和查询。相对于传统的数据仓库，大规模并行分析数据库具有更快的性能，传统数据仓库运行在单一机器上，会受到数据采集这个单一瓶颈点的限制。

2. 无共享架构

无共享架构可确保分析数据库环境中没有单点故障。在这种架构下，每个节点独立于其他节点，所以如果一台机器出现故障，其他机器可以继续运行。对大规模并行处理环境而言，

这点尤其重要，数百台计算机并行处理数据，偶尔出现一台或多台机器失败是不可避免的。

3. 列存储结构

大多数大规模并行分析数据库采用列存储结构，而大多数关系型数据库以行结构存储和处理数据。在列存储环境中，由包含必要数据的列决定查询语句的"答案"，而不是由整行的数据决定，从而导致查询结果瞬间可以得出。这也意味着数据不需要像传统的关系数据库那样构造成整齐的表格。

4. 强大的数据压缩功能

它们允许分析数据库收集和存储更大量的数据，而且与传统数据库相比占用更少的硬件资源。例如，具有 10∶1 的压缩功能的数据库，可以将 10 TB 字节的数据压缩到 1 TB。数据编码（包括数据压缩以及相关的技术）是有效地扩展到海量数据的关键。

5. 商用硬件

像 Hadoop 集群一样，大多数（肯定不是全部）大规模并行分析数据库运行在戴尔、IBM 等厂商现成的商用硬件上，这使其能够以具有成本效益的方式向外扩展。

6. 在内存中进行数据处理

有些（肯定不是全部）大规模并行分析数据库使用动态 RAM 或闪存进行实时数据处理。有些（如 SAP HANA 和 Aerospike）完全在内存中运行数据，而其他则采用混合的方式，即用较便宜但低性能的磁盘内存处理"冷"数据，用动态 RAM 或闪存处理"热"数据。

然而，大规模并行分析数据库确实有一些盲点。最值得注意的是，他们并非被设计用来存储、处理和分析大量的半结构化和非结构化数据。

Hadoop、NoSQL 和大规模并行分析数据库不是相互排斥的。相反，这三种方法是互补的，彼此可以而且应该共存于许多企业。Hadoop 擅长处理和分析大量分布式的非结构化数据，以分批的方式进行历史分析。NoSQL 数据库擅长为基于 Web 的大数据应用程序提供近实时地多结构化数据存储和处理。而大规模并行分析数据库最擅长对大容量的主流结构化数据提供接近实时的分析。

例如，Hadoop 完成的历史分析可以移植到分析数据库供进一步分析，或者与传统的企业数据仓库的结构化数据进行集成。从大数据分析得到的见解可以而且应该通过大数据应用实现产品化。企业的目标应该是实现一个灵活的大数据架构，在该架构中，三种技术可以尽可能无缝地共享数据。

很多预建的连接器可以帮助 Hadoop 开发者和管理员实现这种数据集成，同时也有很多厂商提供大数据应用。这些大数据应用将 Hadoop、分析数据库和预配置的硬件进行捆绑，可以达到以最小的调整实现快速部署的目的。另外，Hadapt 提供了一个单一平台，这个平台在相同的集群上同时提供 SQL 和 Hadoop/MapReduce 的处理功能。Cloudera 也在 Impala 和 Hortonworks 项目上通过开源倡议推行这一策略。

但是，为了充分利用大数据，企业必须采取进一步措施。也就是说，它们必须使用高级分析技术处理数据，并以此得出有意义的见解。数据科学家通过屈指可数的语言或方法（包括 SAS 和 R）执行这项复杂的工作。分析的结果可以通过 Tableau 这样的工具可视化，也可以通过大数据应用程序进行操作，这些大数据应用程序包括自己开发的应用程序和现成的应用程序。其他厂商（包括 Platfora 和 Datameer）正在开发商业智能型的应用程序，这种应用程序允许非核心用户与大数据直接交互。

底层的大数据方法（如 Hadoop、NoSQL 和大规模并行分析数据库）不仅本身是互补的，而且与大部分大型企业现有的数据管理技术互补。并不建议企业首席信息官为了大数据方法而"淘汰并更换"企业现有的全部的数据仓库、数据集成和其他数据管理技术。相反，首席信息官必须像投资组合经理那样思考，重新权衡优先级，为企业走向创新和发展奠定基础，同时采取必要的措施减轻风险因素。用大数据方法替换现有的数据管理技术，只有当它的商业意义和发展计划与现有的数据管理基础设施尽可能无缝地整合时才有意义，最终目标应该是转型为现代数据架构（如图 4-8 所示）。

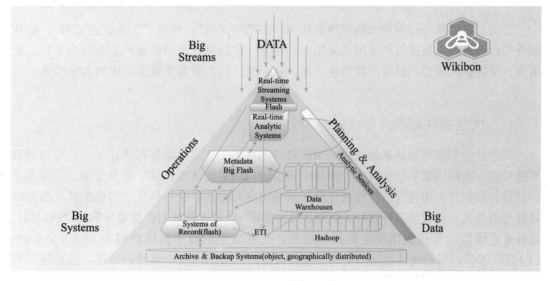

图 4-8　现代数据架构

引经据典

从"分马"问题讲起数据处理

古时候，有个老人，在临死时决定把遗产这样分配：大儿子得二分之一，二儿子得三分之一，三儿子得九分之一。老人的遗产原来是 17 匹马，如果按照老人的遗嘱分，就得把马杀死。

正在三个儿子左右为难时，一个过路的智者下了马，看情况笑了笑，说他可以解决此事。他说要借给他们一匹马，这时候总数就变成了 18 匹马，大儿子得二分之一共 9 匹，二儿子得三分之一共 6 匹马，三儿子得九分之一共 2 匹，还剩下 1 匹马，智者又牵了回去。

这个故事告诉我们，对于数据的处理需要采用合适的方法才能完成预期任务。

任务四
大数据实际使用案例

当前，各地各部门都将大数据事业作为"一把手工程"，开展"千企改造工程"，搭建服务平台，推进大数据与产业融合应用，利用新一代信息技术对传统产业进行全方位、全角度、全链条的改造，提高全要素生产率。接下来让我们看看大数据应用的实际案例。

一、大数据在彩票选号中的应用

当今社会彩票市场越来越火爆，很多彩民都密切关注怎样能够将统计学理论运用到彩票选号这一实际问题中。实践中，统计学理论的应用主要体现在以下两个方面。一是基于所获得的数据并配用合理的概率统计公式来得出各种彩票数字号码出现的概率值，根据计算得出的最大可能数值进行选号。例如，"1234567"这样连续数据的彩票号码与"2674531"这种非连续数据号码相比发生的概率极低，二者发生的概率值比例约为 29：6 724 491（1：230 000）。二是统计数据的应用。统计以前出现过的所有中奖号码数据，然后进行计算整理，用统计数据预测的概率值来选择选号区间及可能的中奖号码。而这些都和大数据有关，因为各种数字组合是海量的。另外，以往开奖次数也达到了几万次，中奖号码数据也是海量的。这些都要使用统计方法对大数据进行处理。

我们可以画出所有号码的曲线走势图，来显示每个号码出现的频率，这样在观察分析中就有了直观的效果。在对中奖数据的分析和观察中，运用大数法则进行统计预测，就可以提高中奖概率。建立在走势图分析基础上的彩票分析法具有较好的跟进性，通过列出统计数值预测的号码与开出的号码比较走势图，来建立两者的相互关系，及时进行修订，这样就使锁定的目标越来越小，而精度越来越高。

二、大数据在产品质量管理中的应用

在质量管理中，通常研究一个过程中生产的全体产品。如果需要观测的总体 N 很大，有破坏性或成本很高，那么这种方法是不可取的。通常的做法是从总体中抽取一个或多个个体来进行观测。这种从所需要观测的总体中抽取部分个体，组成所研究对象的样本，通

过观察样本来推断总体的方法就是概率统计的核心。

众所周知，过去的产品比较简单，而现在的产品越来越复杂，特别是随着社会的不断发展，社会分工越来越细，很多产品都是由多个零部件组装而成的，这些零部件又是由很多厂家生产的，当前大部分工厂产品的检验主要是针对成品，由于实际情况，检验工厂生产的成品大部分都是随机抽样，相比市场抽样合格率有所不足。而大数据的管理方式有了解决方案，检验部门借助成品检验结果数据、不合格检验数据，以及相适应的管理数据，了解定性和定量指标与成品质量的关系。例如，如果需要了解厂家生产的产品的质量合格率，就应该了解这批产品的质量指标变化规律，由此可对工厂成品的质量做出合理的预测与决断，从而提升检验工作的效率与准确率。

三、大数据在人口统计中的应用

人口统计是从大量的调查数据中研究人口现象的一种方法。这种方法通过统计方法和数据处理技术分析人口调查得到的大量数据，得出关于人口发展的各种现象和本质，预测人口数量的发展趋势，据此制定各种人口政策和经济发展政策，促进人口的可持续健康发展，最终达到人口与社会经济的协调发展。

大数据在人口数量预测和人口政策制度上的应用亦非常广泛。关于人口的数据来源有很多，从全国普查到各种抽样调查，从人口总量、分年龄、分性别、分行业数据到迁移、婚育、教育等数据，从统计、公安、教育、社保等部门到其他相关机构的人口数据，这些都构成了人口的大数据。现有的模型有着极其严格的限制条件和假设，如生育率的正态分布、相同的人口政策等，而且现有的模型还忽略了社会、环境、经济等这些对人口有着重要影响的因素，如生育的积极性、婴儿的养育成本等，加上当前二胎政策开始正式实施，之前的各种人口预测模型并没有对这些因素加以考虑或者难以量化。现有的多维家庭人口预测模型已经比较成熟，把各种家庭的结构数据在模型的基础上进行定量的政策效果分析，是该模型发展的关键。现在需要的是对这些人口的大数据进行整合、发掘和应用，把有关影响因素量化，而这离不开统计的方法。

利用大数据构建劳动力供需平衡预测模型。目前，国内外关于劳动力需求、劳动力供给及劳动力供需平衡预测模型考虑的因素都比较简单和单一，并有一些严苛的假设条件，大多仅考虑了经济因素以及在此基础上对劳动力供需总量的平衡进行比较分析，并没有考虑到复杂的社会因素。综合起来，现有的模型主要有以下不足：一是模型中只考虑了经济中的产业政策对劳动力供需的影响，没有考虑到产业结构的调整、科技进步催生的新兴产业以及生态环境对劳动力供需产生的影响；二是大多数模型都为静态模型和单向影响，即只考虑经济因素中的产业经济对劳动力供需的影响，而未考虑劳动力供需对就业、产业经济发展和产业结构调整的反馈影响。这些不足的原因就在于缺乏这些数据，所以需要通过对人口、金融、交通、电力、电信等各种大数据的整合和挖掘，找到有关衡量社会因素的指标，建立经济、社会、环境因素对劳动力需求及供给数量的预测模型，并通过系统的动

力学方法，建立劳动力供需数量对经济、社会、教育等问题的反馈影响，通过反馈机制将这些影响引入劳动力供需预测模型中，对预测结果进行修正，最终建立区域经济平衡时的劳动力供需预测稳态模型。

四、大数据在投资风险报酬分析中的应用

现代社会的投资环境越来越复杂，投资方式逐渐多样化，投资对象也不断创新。然而投资即意味着风险，风险和收益总是相应而生的。投资者一般根据自己的风险偏好选择合适的投资产品。由于风险性投资能给投资者带来超乎想象的报酬，因此投资者还是喜欢进行风险性投资的，这种报酬就称为"风险报酬"。对风险报酬的分析在很大程度上也依赖于统计方法的应用。

风险可以分为市场风险、利率风险和流动性风险。这些风险都需要运用大数据，借助统计方法来进行分析，如市场风险，可以运用统计的方法，对着各种投资工具的价格波动进行研究。又如说某种产品的价格具有随季节波动的趋势，我们就可以研究这种产品往年价格随季节波动的特点，对今年的价格进行预测，从而调整今年的预期产量，找到利润最大化的一点。对于利率风险，可以用统计的方法，分析金融大数据，研究利率的时间变化规律，也可以研究不同的利率调整幅度对风险投资对象价格影响的广度和深度。对于流动性风险，统计可以基于历史海量数据，研究历史上导致流动性的若干因素，以及这些因素所产生影响的程度。

除此之外，大数据还有以下几个方面的应用，包括：

1. 推荐引擎

网络资源和在线零售商使用 Hadoop 根据用户的个人资料和行为数据匹配和推荐用户、产品和服务。LinkedIn 使用此方法增强其"你可能认识的人"这一功能，而亚马逊利用该方法为网上消费者推荐相关产品。

2. 情感分析

Hadoop 与先进的文本分析工具结合，分析社会化媒体和社交网络发布的非结构化的文本，包括 Twitter 和 Facebook，以确定用户对特定公司、品牌或产品的情绪。分析既可以专注于宏观层面的情绪，也可以细分到个人用户的情绪。

3. 风险建模

财务公司、银行等公司使用 Hadoop 和下一代数据仓库分析大量交易数据，以确定金融资产的风险，模拟市场行为为潜在的"假设"方案做准备，并根据风险为潜在客户打分。

4. 欺诈检测

金融公司、零售商等使用大数据技术将客户行为与历史交易数据结合来检测欺诈行为。例如，信用卡公司使用大数据技术识别可能的被盗卡的交易行为。

5. 营销活动分析

各行业的营销部门长期使用技术手段监测和确定营销活动的有效性。大数据让营销团队拥有更大量的越来越精细的数据，如点击流数据和呼叫详情记录数据，以提高分析的准确性。

6. 客户流失分析

企业使用 Hadoop 和大数据技术分析客户行为数据并确定分析模型。该模型指出哪些客户最有可能流向存在竞争关系的供应商或服务商，据此企业就能采取最有效的措施挽留欲流失客户。

7. 社交图谱分析

Hadoop 和下一代数据仓库相结合，通过挖掘社交网络数据，可以确定社交网络中哪些客户对其他客户产生最大的影响力。这有助于企业确定其"最重要"的客户，不总是那些购买最多产品或花最多钱的，而是那些最能够影响他人购买行为的客户。

8. 用户体验分析

面向消费者的企业使用 Hadoop 和其他大数据技术将之前单一客户互动渠道（如呼叫中心、网上聊天、微博等）数据整合在一起，以获得对客户体验的完整视图。这使企业能够了解客户交互渠道之间的相互影响，从而优化整个客户生命周期的用户体验。

9. 网络监控

Hadoop 和其他大数据技术被用来获取、分析和显示来自服务器、存储设备和其他 IT 硬件的数据，使管理员能够监视网络活动，诊断瓶颈等问题。这种类型的分析也可应用到交通网络，以提高燃料效率，当然也可以应用到其他网络。

研究与发展：有些企业（如制药商）使用 Hadoop 技术进行大量文本及历史数据的研究，以协助新产品的开发。

当然，上述这些都只是大数据用例的举例。事实上，在所有企业中，大数据最引人注目的用例可能尚未被发现，这就是大数据的希望。

·················· 项目小结 ··················

大数据是所有行业新的权威的竞争优势,大数据具有重要而独特的特性,这种特性使得它与"传统"企业数据区分开来,不再集中化、高度结构化并且易于管理。与以往任何时候相比,现在的数据都是高度分散的、结构松散的(如果存在结构的话)并且体积越来越大。为了处理大数据分析需求的多样性,需要一步步地使用采集、处理、分析和重用数据等方法。这就需要特定的数据分析生命周期,也称为数据分析流程。本项目在讲述了数据分析流程后介绍了目前较流行的三种将会改变业务分析和数据管理市场的大数据分析技术,并对大数据的实际使用案例进行了讲解。

·················· 实训练习 ··················

 应知考核

一、单项选择题

1. ( ) 用于从企业应用程序和事务型数据库中提取、转换和加载数据到一个临时区域,在这个临时区域进行数据质量检查和数据标准化,数据最终被模式化到整齐的行和表。

A. 数据集成工具　　 B. 数据可视化　　　 C. 数据库　　　　 D. 企业级数据仓库

2. ( ) 就是用科学的方法,有目的、系统地搜集、记录、整理和分析市场情况,了解市场的现状以及发展趋势,为企业的决策者进行市场预测、做出经营决策、制订计划提供客观、正确的依据。

A. 数据库　　　　　　　　　 B. 公开出版物

C. 统计工具的数据　　　　　 D. 市场调查

3. ( ) 是将数据分析结果通过直观的方式(表格、图形等)呈现出来。

A. 数据清洗　　　 B. 数据可视化　　 C. 数据处理　　　 D. 数据计算

4. 下单时间、订单数量、商品品类、订单金额、订购频次等,属于 ( )。

A. 网站用户数据　　 B. 订单数据　　 C. 反馈数据　　 D. 私有数据

5. 客户评价、退货换货、客户投诉等,属于 ( )。

A. 网站用户数据　　 B. 订单数据　　 C. 反馈数据　　 D. 私有数据

6. 注册时间、用户性别、所属地域、来访次数、停留时间等，属于（   ）。

A. 网站用户数据　　 B. 订单数据　　　 C. 反馈数据　　　 D. 私有数据

7. （   ）是一个处理、存储和分析海量的分布式、非结构化数据的开源框架。

A. MapReduce　　　 B. IBM　　　　 C. Nutch　　　　 D. Hadoop

8. （   ）擅长处理和分析大量分布式的非结构化数据，以分批的方式进行历史分析。

A. Hadoop　　　　 B. NoSQL　　　　 C. Web　　　　 D. Nutch

9. （   ）擅长为基于 Web 的大数据应用程序提供近实时地多结构化数据存储和处理。

A. Hadoop　　　　 B. Web　　　　 C. NoSQL　　　　 D. Nutch

二、多项选择题

1. （   ）和其他技术的出现导致数据性质的根本性变化。

A. Web　　　　　 B. 移动设备　　　 C. 数据库　　　　 D. ERP

2. 大数据具有重要而独特的特性，包括（   ）。

A. 体积　　　　　 B. 类型　　　　　 C. 速度　　　　　 D. 移动设备

3. 在收集数据时，数据来源包含两种方式，这两种方式是（   ）。

A. 直接数据　　　 B. 移动端数据　　 C. 间接数据　　　 D. 客户端数据

4. 在实际工作中，获取数据的方式有很多种，包括（   ）。

A. 数据库　　　　　　　　　　　 B. 公开出版物

C. 统计工具的数据　　　　　　　 D. 市场调查

5. 市场调查的常用方法有（   ）。

A. 观察法　　　　 B. 实验法　　　　 C. 访问法　　　　 D. 问卷法

6. 数据的有效存储是大数据技术的基础，数据存储技术的发展主要经历了以下阶段（   ）。

A. 直接数据　　　　　　　　　　 B. 非关系型数据库和分布式文件系统

C. 数据仓库　　　　　　　　　　 D. 关系型数据库

7. 一个完整的数据仓库主要由（   ）构成。

A. 数据源　　　　　　　　　　　 B. 数据仓库和数据集市

C. OLAP 服务器　　　　　　　　 D. 前台分析工具

8. 数据仓库中的数据源包括（   ）等。

A. OLAP 服务器　　　　　　　　 B. 联机事务处理系统

C. 外部数据源　　　　　　　　　 D. 历史业务数据集

9. 前台分析工具主要包括（   ），以及各种基于数据仓库和数据集市的应用开发工具等。

A. 报表工具　　　 B. 查询工具　　　 C. 数据分析工具　 D. 数据挖掘工具

10. 在数据分析中，数据处理是必不可少的一个环节，主要包括（   ）等数据处理方法。

A. 数据清理　　　 B. 数据转换　　　 C. 数据提取　　　 D. 数据汇总与计算

大数据基础

三、判断题

1. 非关系型数据库和分布式文件系统使得数据的存储可以发展到数以千计的节点上，具有更高的可用性和可扩展性。（　　）

2. 在数据分析师获取的大量数据中，所有的数据都具有价值。（　　）

3. 不同于传统的数据仓库，大规模并行分析数据库能够以必需的最小的数据建模，快速获取大量的结构化数据，可以向外扩展以容纳 TB 级甚至 PB 级数据。（　　）

4. 只有结构化数据是有用数据。（　　）

5. 用大数据方法替换现有的数据管理技术，只有当它的商业意义和发展计划与现有的数据管理基础设施尽可能无缝地整合时才有意义。（　　）

6. Hadoop、NoSQL 和大规模并行分析数据库是相互排斥的。（　　）

应会考核

1. 阐述大数据与传统数据的区别。

2. 阐述 Hadoop 是如何工作的。

3. 阐述 Hadoop 的优点和缺点。

项目五

数据可视化概论

知识目标
- 理解数据可视化的概念、作用和分类
- 了解数据可视化的发展趋势
- 了解数据可视化的一般步骤
- 了解主流数据可视化工具

能力目标
- 培养学生的数据可视化思维能力
- 使学生能够掌握数据可视化的步骤
- 培养学生利用数据可视化工具进行数据呈现
- 培养学生的数据分析能力

素质目标
通过本项目的学习，学生可以利用商业智能工具作出简单的可视化图表。

任务一
数据可视化的概念及其发展

大数据若是一种无形的土壤，那可视化就是浇水、施肥，让其开出美丽之花的工具。大数据若是一种新型的石油，那可视化就是开发这种石油不可或缺的设备。大数据若是烹饪的食材，那可视化就是将这些食材做成美味佳肴的厨艺。可视化并不仅仅是一种工具，而更像是一种媒介，能最大化地帮助我们挖掘数字背后的信息，让数据"开口"讲故事。

可视化是一种媒介。什么是好的可视化设计？如果只看光秃秃的原始数据，你可能会忽视掉某些东西。好的可视化是一种表达数据的方式，能帮助你发现那些盲点。你可以通过可视化展示的趋势、模式和离群值来了解自己以及身处的世界。最好的可视化设计能让你有一见钟情的感觉，你知道眼前的东西就是你想看到的。有时候，可视化设计仅仅是一个条形图，但大多数时候可视化会复杂得多，因为数据本来就很复杂。

可视化让数据更可信。数据集犹如即时快照，能帮助我们捕捉不断变化的事物。数据点聚集在一起就形成了数据集合以及统计汇总，可以告诉你预期的收获。平均数、中位数和标准差，它们用来描述世界各地以及人口的状况，并用来比较不同的事物。你可以去了解每个数据的具体细节。这就是所谓的数据集人性化，它会使数据更加可信。

从抽象意义上说，包含信息和事实的数据是所有可视化的基础。对原始数据了解得越多，打造的基础就越坚实，也就越可能制作出令人信服的数据图表。人们往往会忽略一点：好的可视化设计是一个曲折的过程，需要具备统计学和设计方面的知识。没有前者，可视化只是插图和美术练习；而没有后者，可视化就只是分析结果。统计学和设计方面的知识都只能帮助你完成数据图形的一部分。只有同时具备这两种技能，你才可以随心所欲地在数据研究和讲故事两者间自如转换。

一、什么是数据可视化

在计算机视觉领域，数据可视化是对数据的一种形象直观的解释，实现从不同维度观察数据，从而得到更有价值的信息。数据可视化将抽象的、复杂的、不易理解的数据转化为人眼可识别的图形、图像、符号、颜色、纹理等，这些转化后的数据通常具备较高的识别效率，能够有效地传达出数据本身所包含的有用信息。数据可视化的目的，是对数据进行可视化处理，以更明确地、有效地传递信息。数据可视化从数据中寻找三方面的信息：

(1) 模式：数据中的规律。

(2) 关系：数据之间的相关性。

(3) 异常：存在问题的数据。异常的数据不一定都是错误的数据，有些异常数据可能是设备出错或者人为错误输入，有些可能就是正确数据。

二、数据可视化的作用及优点

(一) 数据可视化的作用

数据可视化的本质就是视觉对话。数据可视化将技术与艺术完美结合，借助图形化的手段，清晰、有效地传达与沟通信息。

可视化的意义是帮助人们更好地分析数据，信息的质量很大程度上依赖于其表达方式。对数字罗列所组成的数据中所包含的意义进行分析，使分析结果可视化。

数据可视化的主要作用在于通过图形和色彩将关键数据和特征直观地传达出来，从而实现对相当稀疏而又复杂的数据集的深入洞察。而单纯说"数据呈现"并不确切，因为数据可视化并非无差异地涵盖所有数据，可视化的过程本身就已经加入了制作人对问题的思考、理解，甚至是一些假设，而数据可视化则是通过一目了然的方式，帮助制作人获得客观数据层面的引导或验证。

(二) 数据可视化的优点

数据可视化有以下优点：

1. 动作更快

因为人脑对视觉信息的处理要比书面信息容易得多。生活中我们都能发现，有时候文字表达记不住，换成图形表达就会记得很快。所以说，数据可视化是一种非常清晰的沟通方式，使业务领导者能够更快地理解和处理那些复杂的数据。

大数据可视化工具可以提供实时信息，使利益相关者更容易对整个企业进行评估。对市场变化更快的调整和对新机会的快速识别是每个行业的竞争优势。

2. 以设定方式提供结果

规范化的文档经常被静态表格和各种图表类型夸大，因为它制作得过于详细了，而领导恰恰不需要知道这些太过详细的内容。

而使用大数据可视化的工具报告就可以让我们能够用一些简短的图形体现那些复杂信息，甚至单个图形也能做到。决策者可以通过可视化工具，轻松地解释各种不同的数据源并进行各种决策。

3. 能够理解运营和结果之间的连接

数据可视化允许用户去跟踪运营和整体业务性能之间的连接。在竞争环境中，找到业务功能和市场性能之间的相关性是至关重要的。

经典案例

数据可视化让世界更清晰

下面几幅图（图5-1、图5-2、图5-3）是公司或单位的各种经营数据集指标的可视化展现，通过可视化工具可以轻松整合 ERP/OA/MES 等多业务系统的数据，打破信息孤岛，进行综合展示分析，让决策更清晰。

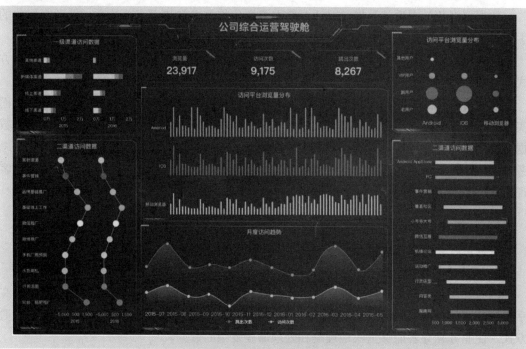

图5-1　公司综合运营驾驶舱

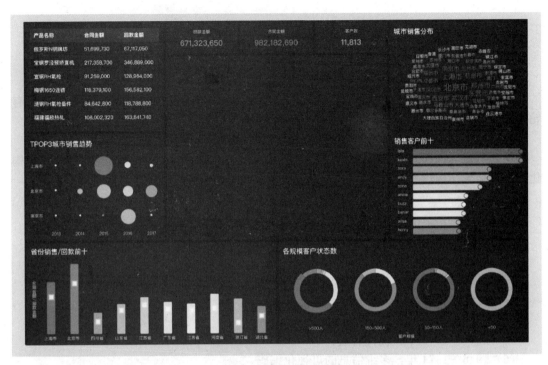

图 5-2　公司财务数据看板

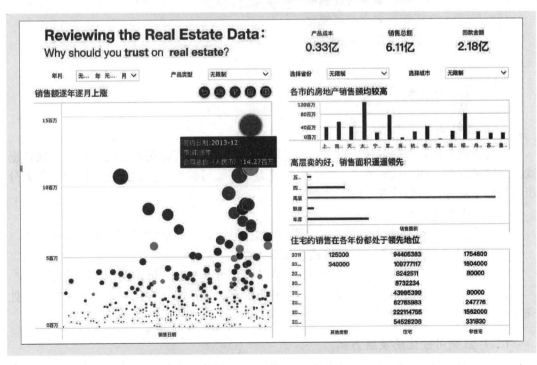

图 5-3　公司销售数据分析

三、数据可视化的分类

1. 科学可视化

最简单的科学可视化方法是颜色映射法，它将不同的值映射成不同的颜色，另外还有轮廓法，是将数值等于某一指定阈值的点连接起来的可视化方法。

2. 信息可视化

信息可视化处理的对象是非结构化数据。因此，非结构化数据可视化通常是将非结构化数据转化为结构化数据再进行可视化显示。

四、数据可视化的发展历史

(1) 远古—1599 年：图表萌芽。

(2) 1600—1699 年：物理测量。

(3) 1700—1799 年：图形符号。

(4) 1800—1899 年：数据图形。

(5) 1900—1945 年：现代启蒙。

(6) 1946—1974 年：多维信息的可视化编码。

(7) 1975—1987 年：多维统计图形。

(8) 1988—2004 年：多交互可视化。

(9) 2005 年至今：可视化分析学。

五、数据可视化的未来

（一）数据可视化面临的挑战

在大数据时代，数据可视化技术在广泛应用的同时，也面临诸多新的挑战，包括数据规模、数据融合、图表绘制效率、图表表达能力、系统可扩展性、快速构建能力、数据分析与数据交互等，具体体现在以下几个方面：

(1) 数据规模大；

(2) 在数据获取与分析处理过程中，易产生数据质量问题，需特别关注数据的不确定性；

(3) 数据快速动态变化，常以流式数据形式存在；

(4) 面临复杂的高维数据，当前的软件系统以统计和基本分析为主，分析能力不足；

(5) 多来源数据的类型和结构各异，已有方法难以满足非结构化、异构数据方面的处理需要。

（二）数据可视化的发展方向

(1) 数据挖掘技术的紧密结合：数据可视化可以帮助人类洞察出数据背后隐藏的潜在

规律，进而提高数据挖掘的效率；

（2）人机交互技术的紧密结合：用户与数据交互，可方便用户控制数据，更好地实现人机交互是人类一直追求的目标；

（3）可视化技术广泛应用于大规模、高纬度、非结构化数据的处理和分析。目前，我们处在大数据时代，大规模、高维度、非结构化数据层出不穷，若将这些数据以可视化形式完美地展示出来，对人们挖掘数据中潜藏的价值大有裨益。

知识拓展

常用于数据分析的必备神器

在大数据时代的今天，常用于数据分析的必备神器有：

1. Tableau

Tableau 帮助人们快速分析、可视化并分享信息。它的程序很容易上手，各公司可以用它将大量数据拖放到数字"画布"上，转眼间就能创建好各种图表。数以万计的用户使用 Tableau Public 在博客与网站中分享数据。

2. FineBI

FineBI 通过完善的数据管理策略、自助式的数据准备、强大的 Spider 引擎和零代码的简便操作可以帮助用户快速解决数据问题。同时，FineBI 是国内商业智能龙头企业帆软的产品，拥有非常好的本土化用户生态、学习资源和 60 万数据人聚集的帆软社区。

3. Echarts

Echarts 可以运用于散点图、折线图、柱状图等这些常用的图表的制作。Echarts 的优点在于，文件体积比较小，打包的方式灵活，用户可以自由选择需要的图表和组件，而且图表在移动端有良好的自适应效果，还有专为移动端打造的交互体验。

4. Highcharts

Highcharts 的图表类型是很丰富的，线图、柱形图、饼图、散点图、仪表图、雷达图、热力图、混合图等类型的图表都可以制作，也可以制作实时更新的曲线图。

另外，Highcharts 是对非商用免费的，对于个人网站、学校网站和非营利机构，可以不经过授权直接使用 Highcharts 系列软件。Highcharts 还有一个好处在于，它完全基于 HTML5 技术，不需要安装任何插件，也不需要配置 PHP、Java 等运行环境，只需要两个 JS 文件即可使用。

5. 魔镜

魔镜是中国最流行的大数据可视化分析挖掘平台，帮助企业处理海量数据价值，让人人都能进行数据分析。魔镜基础企业版适用于中小企业内部使用，基础功能免费，可代替报表工具和传统 BI，使用更简单化，可视化效果更绚丽易读。

六、数据可视化的应用领域

数据被称作最新的商业原材料——"21 世纪的石油",而数据可视化目前在工业 4.0、智能交通、新一代人工智能及其他领域亦得到广泛的应用。图 5－4 为数据可视化应用图。

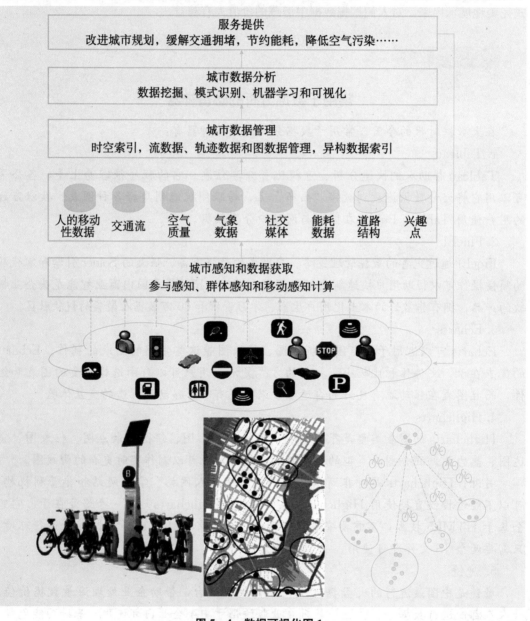

图 5－4　数据可视化图 1

　　商业领域、研究领域、技术发展领域使用的数据总量非常巨大，并持续增长。就 Elsevier 而言，每年从 ScienceDirect 下载的文章有 7 亿篇，Scopus 上的机构档案有 8 万个、研究人员档案有 1 300 万，Mendeley 上的研究人员档案有 300 万。对于用户来说，从这个数据海洋中抓到关键信息越来越难。这也是数据可视化的用武之处：用简单易懂的可视化方式总结并呈现大型数据集，为读者提供有价值的信息。许多先进的可视化方式（如网络图、3D 建模、堆叠地图）被用于特定用途，如 3D 医疗影像、模拟城市交通、救灾监督。但无论一个可视化项目有多复杂，可视化的目的是帮助读者识别所分析的数据中的一种模式或趋势，而不是仅仅给他们提供冗长的描述，诸如："2000 年 A 的利润比 B 高出 2.9％，尽管 2001 年 A 的利润增长了 25％，但比 B 低 3.5％。"出色的可视化项目应该总结信息，并把信息组织起来，让读者的注意力集中于关键点。

任务二
数据可视化的步骤

可视化不仅是一种工具，我们将可视化看作一种媒介，而非一种特定的工具。如果把可视化当成死板的工具，你很容易以为几乎所有的图形都比条形图好。对于大部分图表而言确实如此，但前提是必须在合适的条件下。譬如，在分析模式中，你通常会期望图表便于快速阅读且十分精确。可视化是一种表达数据的方式，是对现实世界的抽象表达。它像文字一样，为我们讲述各种各样的故事。报纸文章和小说不能用同一个标准来评判，同样，数据艺术也不能用商业图表的标准来衡量。

无论哪一种可视化类型都有其规则可循。这些规则并不取决于设计或统计数字，而受人类感知的支配。它们确保读者能准确解读编码数据。这样的规则很少，例如，当用面积作为视觉暗示时，要将面积按大小恰当地排序，其余的都只是建议，故需要区分规则和建议。规则是应该时时遵循的，而建议则要具体分析，视情况而定是否采纳。很多初学者会犯这样的错误，遵循了具体的建议，结果丢失了数据的背景信息。例如，爱德华·塔夫特（Edward Tufte）建议剔除图表中所有的垃圾信息，但所谓的垃圾是相对而言的。一个图表中需要剔除的东西，在另一个图表中也许是有用的。

完整的数据可视化流程一般包含以下五个步骤，用表格、图形来传播观察结果、解读分析结果。建立好的可视化项目是一个反复迭代的过程。

一、明确问题

开始创建一个可视化项目时，第一步是明确要回答的问题，又或者试着回答下面的问题："这个可视化项目会怎样帮助读者？"

清晰的问题可以有助于避免数据可视化的一个常见问题：把不相干的事物放在一起比较。假设我们有这样一个数据集（见表5-1），其中包含一个机构的作者总数、出版物总数、引用总数和它们特定一年的增长率。图5-5是一个糟糕的可视化案例，所有的变量都被包含在一张表格中。在同一张图中绘制出不同类型的多个变量，通常不太明智。注意力分散的读者会被诱导着去比较不相干的变量。比如，观察出所有机构的作者总数都少于出版物总数，这没有任何意义，又或者发现 Athena University、Bravo University、Delta

Institute 三个研究机构的出版物总数依次增长，也没有意义。拥挤的图表难以阅读、难以处理。在有多个 Y 轴时就是如此，哪个变量对应哪个轴通常不清晰。简而言之，糟糕的可视化项目并不澄清事实而是令人困惑。

表 5-1 数据可视化表

Name	Number of authors	Total publications	Total citations	Author growth rate	Publication growth rate	Citations growth rate
Athena University	1 000	3 000	3 100	2.8%	5.2%	7.2%
Bravo University	1 200	7 890	9 000	2.5%	10.1%	3.3%
Delta Institute	500	800	670	1.2%	12.4%	5.5%

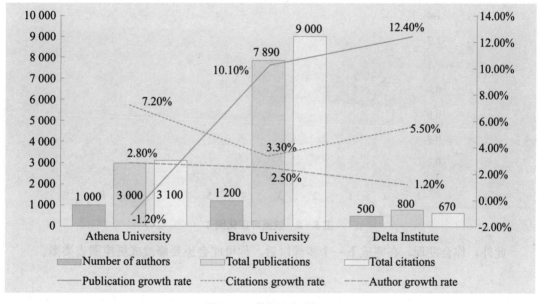

图 5-5 数据可视化图 2

二、了解你的数据，从基本的可视化着手

确定可视化项目的目标后，下一步是建立一个基本的图形。它可能是饼图、线图、流程图、散点图、表面图、地图、网络图等，这取决于手头的数据是什么样的。在明确图表该传达的核心信息时，需要明确以下几点：

（1）我们试图绘制什么变量？

（2）X 轴和 Y 轴代表什么？

（3）数据点的大小有什么含义吗？

（4）颜色有什么含义吗？

（5）我们试图确定与时间有关的趋势，还是变量之间的关系？

有些人使用不同类型的图表实现相同的目标，但并不推荐这样做。不同类型的数据各自有其最适合的图表类型。例如，线形图最适合表现与时间有关的趋势，抑或是两个变量的潜在关系。当数据集中的数据点过多时，使用散点图进行可视化会比较容易。此外，直方图展示数据的分布。直方图的形状可能会根据不同组距改变，如图 5 - 6 所示。（在绘制直方图时，本质是绘制柱状图来展示特定范围内有多少数据点，这个范围叫作组距。）组距太窄会导致起伏过多，让读者只盯着树木却看不到整个森林。

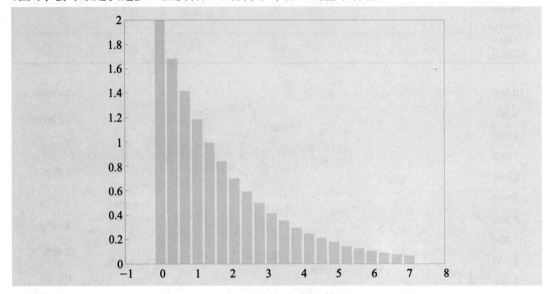

图 5 - 6　数据可视化图 3

此外，你会发现，在完成下一个步骤以后，你可能会想要修改或更换图表类型。

三、明确要传达的信息，确定最能提供信息的指标

假设我们有另一个关于某研究机构出版物数量的数据库（见表 5 - 2）。可视化过程中最关键的步骤是充分了解数据库以及每个变量的含义。从表格中可以看出，在 A 领域（Subject A），此机构出版了 633 篇文章，占此机构全部文章的 39%；相同时间内全球此领域共出版了 27 738 篇文章，占全球总量的 44%。注意，B 列中的百分比累计超过100%，因为有些文章被标记为属于多个领域。

在这个例子中，我们想了解此机构在各个领域发表了多少文章。出版数量是一个有用的指标，不仅如此，与下面这些指标对照会呈现出更多信息：

此领域的研究成果总量（B 列），以及此领域的全球活跃程度。由此，我们可以确定一个相对活跃指标，1.0 代表全球平均活跃程度，高于 1.0 代表高于全球水平，低于 1.0代表低于全球水平。用 B 列的数据除以 D 列，得到这个新的指标。

表 5-2　数据可视化表 2

Subject	(A) Publications	(B) Publication (%)	(C) World	(D) World (%)	(E) Relative Activity Index
Subject A	633	39%	27 738	44%	0.88
Subject B	579	35%	15 718	25%	1.43
Subject C	247	15%	10 759	17%	0.89
Subject D	227	14%	12 012	19%	0.73
Subject E	149	9%	7 907	13%	0.73
Subject F	76	5%	3 563	6%	0.83
Subject G	67	4%	1 439	2%	1.8
Subject H	39	2%	1 191	2%	1.27
Subject I	38	2%	1 672	3%	0.88
Subject J	33	2%	1 051	2%	1.22

四、选择正确的图表类型

现在我们可以用雷达图来比较相对活跃指数，并着重观察指数最高/最低的研究领域。例如，此机构在 G 领域的相对活跃指数最高（1.8），但是，此领域的全球总量远远小于其他领域（如图 5-7 所示）。雷达图的另一个局限是，它暗示各轴之间存在关系，而在本例中这种关系并不存在（各领域并不相互关联）。

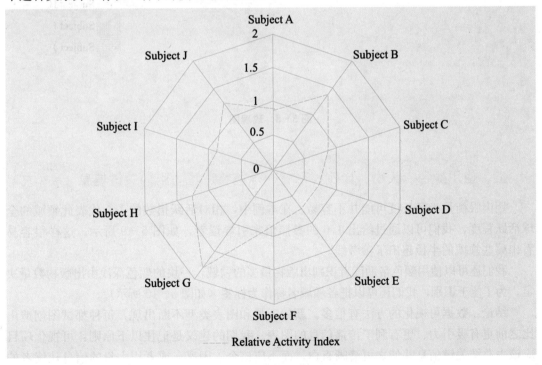

图 5-7　相对活跃指数雷达图

数据的规范化（如本例中的相对活跃指数）是一个很常见也很有效的数据转换方法，但需要基于帮助读者得出正确结论的目的使用。如在此例中，仅仅发现目标机构对某个小领域非常重视没太大意义。

我们可以把出版量和活跃程度在同一个图表中展示，以理解各领域的活跃程度。使用图5-8的玫瑰图，各块的面积表示文章数量，半径长短表示相对活跃指数。注意在此例中，半径轴是二次的（而图5-6中是典型线性的）。从图5-8中可以看出，B领域十分突出，拥有最大的数量（由面积表示）和最高的相对活跃程度（由半径长度表示）。

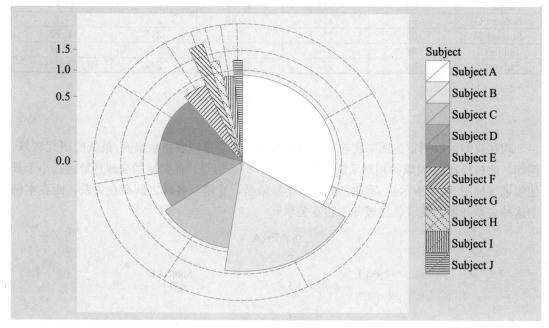

图5-8 玫瑰图

五、使用颜色、大小、比例、形状、标签将注意力引向关键信息

用肉眼衡量半径长度可能并不容易。在本例中，相对活跃指数的1.0代表此领域的全球活跃程度，我们可以通过给出1.0的参照值来引导读者，如图5-9所示。这样很容易看出哪些领域的半径超出了参考线。

我们还可以使用颜色帮助读者识别出版物最多的领域，一块的颜色深浅由出版物数量决定。为了便于识别，我们还可以把各领域名称作为标签（如图5-10所示）。

结论：数据可视化的方法有很多。新的工具和图表类型不断出现，每种都试图创造出比之前更有吸引力、更有利于传播信息的图表。我们的建议是记住以下原则：可视化项目应该去总结关键信息并使之更清晰直白，而不应该令人困惑，或者用大量的信息让读者的大脑超载。

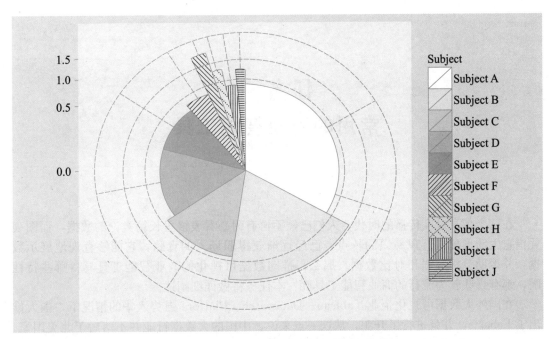

图 5 - 9　带有相对活跃指数参考线的玫瑰图

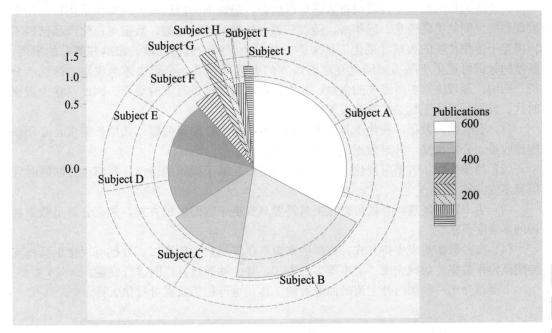

图 5 - 10　玫瑰图中的颜色深浅代表出版物数量（颜色越亮，出版物越多）

任务三
常用的商业智能工具

在这个信息过度传播的时代，人们已经不再有耐心看表格里长篇大论的数据，而图表凭借它生动形象、直观易懂的特点，已经逐渐获得职场人的青睐，它能够直观地展示数据，并帮助分析数据和对比数据。那么，推动数据可视化的商业智能工具具备哪些特性呢，都有哪些较为流行的商业智能工具呢？本任务将做详细阐述。

在国外大数据可视化企业 Tableau、Datawatch、Platfora 强势入华的情况下，国人推出了 Echarts，并且进行了开源，从这一点来说，中国的大数据行业并不落后于北美国家。Echarts 也让我们看到了中国大数据可视化的未来。

传统的数据可视化工具仅仅将数据加以组合，通过不同的展现方式提供给用户，用于发现数据之间的关联信息。近年来，随着云和大数据时代的来临，数据可视化产品已经不再满足于使用传统的数据可视化工具来进行数据仓库中的数据抽取、归纳并简单的展现。新型的数据可视化产品必须满足互联网爆发的大数据需求，必须快速地收集、筛选、分析、归纳、展现决策者所需要的信息，并根据新增的数据进行实时更新。因此，在大数据时代，数据可视化工具必须具有以下特性：

（1）实时性：数据可视化工具必须适应大数据时代数据量的爆炸式增长需求，必须快速地收集、分析数据，并对数据信息进行实时更新。

（2）简单操作：数据可视化工具满足快速开发、易于操作的特性，能满足互联网时代信息多变的特点。

（3）更丰富的展现：数据可视化工具需要具有更丰富的展现方式，能充分满足数据展现的多维度要求。

（4）多种数据集成支持方式：数据的来源不仅仅局限于数据库，数据可视化工具将支持团队协作数据、数据仓库、文本等多种方式，并能够通过互联网进行展现。

下面将介绍一些国内外主流的商业智能工具，也可称为数据可视化工具。

一、Tableau 与 Power BI

作为世界范围商务智能与分析平台最有影响力的评估报告，Gartner 2019 魔力象限评估报告显示：微软以 Power BI 作为其 BI 平台，连续 12 年获得领导者地位；Tableau 也连续 8 年稳居领导者象限。

　　Tableau 的使命是"帮助人们查看和理解数据"，显然它的主要目标是可视化。Power BI 主要基于高级 Excel 功能，包括 Power Query、Power Pivot 和 Power View。微软的兴趣在于为其他业务应用程序的用户（尤其是 Excel 高级用户）提供功能强大且可自定义的数据工具套件。

　　Tableau 成立于 2003 年，是斯坦福大学一个计算机科学项目的成果，该项目旨在改善分析流程并让人们能够通过可视化更轻松地使用数据。Tableau 凭借人人可用的直观可视化分析，打破了商业智能行业的原有格局。Tableau 适合 BI 工程师、数据分析师。

　　Power BI 是微软出品的，可以和 Excel 搭配使用，通过 Power BI 来呈现 Excel 的可视化内容。Power BI 是软件服务、应用和连接器的集合，它们协同工作以将相关数据来源转换为连贯的视觉逼真的交互式见解。数据可以是 Excel 电子表格，也可以是基于云和本地混合数据仓库的集合。使用 Power BI，我们可以轻松连接到数据源，发现重要内容，并根据需要与任何人共享。

　　Power BI 包括多个协同工作的元素，如图 5－11 所示，从以下三个基本元素开始：

　　(1) 名为 Power BI Desktop 的 Windows 桌面应用程序；

　　(2) 名为 Power BI 服务的联机 SaaS（软件即服务）；

　　(3) 适用于 Windows、IOS 和 Android 设备的 Power BI 移动应用。

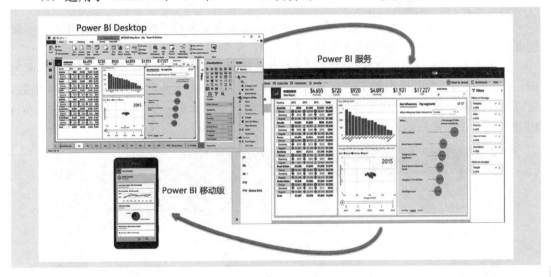

图 5－11　Power BI 协同工作元素图

　　可视化效果方面，数据可视化对于公司的商业智能至关重要，特别是对那些不熟悉数据科学的高管和决策者而言，讲述故事的图表可以更容易地协调并为一个团队做出关键决策。Tableau 和 Power BI 都提供了强大的可视化，但它们如何实现可视化是不同的。

　　在模板方面，Power BI 提供了 29 种标准视觉效果，如图 5－12 所示，而 Tableau 在 Show Me 功能中提供了 24 种。但这不是关于数字的对比，两种软件的标准视觉效果的元素可以组合和修改，从而导致数千种组合图形。

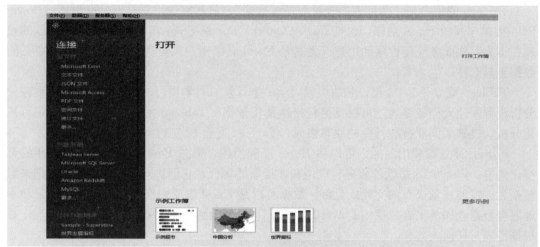

图 5-12 可视化效果操作图

Tableau 的可视化更加标准化，可以非常快速地生成美观的工作表和仪表板。Power BI 的视觉效果更具有可定制性，熟练的用户可以做更多工作来优化数据和可视化，以更好地满足业务的特定需求。

数据集成和管理方面，Power BI 和 Tableau 都集成了多种数据源，但是在导入外部数据源时，Tableau 提供了更多的外部数据接口。

相比之下，Power BI 的查询编辑器窗口在从数据源导入数据后对其进行整形，界面与 Excel 非常相似，功能区内置了许多有用的工具。Power BI 还具有 Power Query M 函数，可以在查询编辑器无法完成工作的情况下帮助建模和整形数据，这些高级功能使得 Power BI 更受技术精明用户的青睐。图 5-13 为 Power BI 操作图。

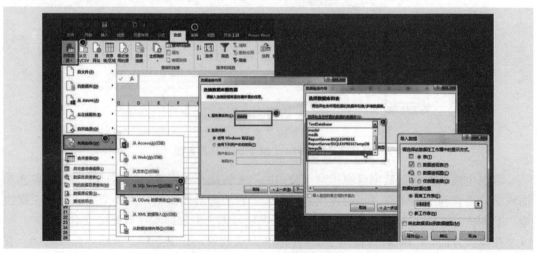

图 5-13 Power BI 操作图

二、FineBI

FineBI是一款国产软件，一句话概括就是最具人性化的自助可视化工具。FineBI在前台就可以配置表之间的关系，拖拽就可以生成数据分析报表，操作简单，上手容易，符合业务人员的理解、操作和学习习惯，非常人性化。

FineBI登录界面如图5-14所示。

图5-14　FineBI登录界面

下面用一个例子来展示FineBI进行数据可视化分析的过程。

（1）我们选用一张需要进行分析的Excel表格，将它上传至数据准备→我的业务包中，如图5-15所示。

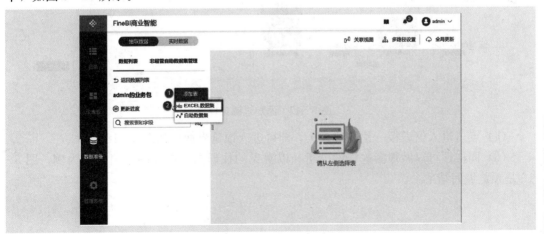

图5-15　上传数据表

（2）新建仪表板，拖拽数据字段并选择图表类型，如图 5-16 所示。

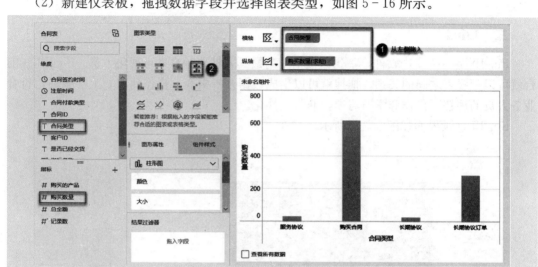

图 5-16　制作图表

（3）进行个性化的操作，如添加过滤条件、进行数据筛选等，如图 5-17 所示。

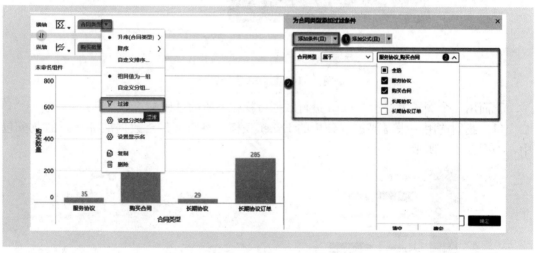

图 5-17　添加过滤条件

（4）点击进入仪表板→预览仪表板，即可进入预览界面，如图 5-18 所示。

（5）同样还可以做很多这样的分析，以常见的柱形图、折线图和组合图为例，图 5-19 是预览界面结果。

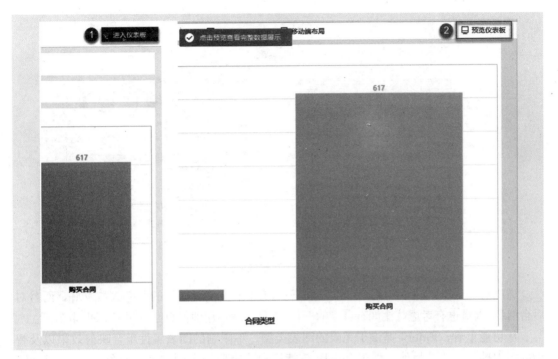

图 5 - 18　预览仪表板

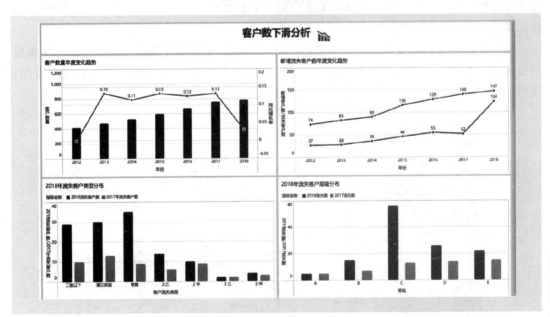

图 5 - 19　预览界面图

（6）如果配置图表之间的关系，也是可以的，FineBI 可以实现联动、钻取等效果，都是傻瓜式的拖拽操作。比如联动，点击"联动设置"就可以操作了，如图 5 - 20 所示。

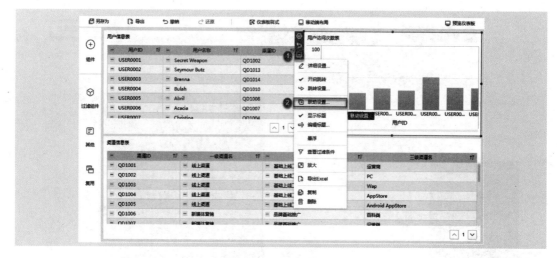

图 5 - 20　数据联动图

通过对 FineBI 的探索使用，可以发现 FineBI 并不仅仅对前端的业务人员友好，而且对后台的 IT 人员也有考虑，比如有自带的 ETL 工具，就不用他们自己写很多 SQL 取数了。

从功能上看，FineBI 提供了无限的图表类型、不限制的图表属性组合映射效果以及智能的图表推荐功能。另外，由于 FineBI 支持用户将字段绑定到图表的颜色、大小、形状、标签等属性，并且 FineBI 在 OLAP 多维分析方面做得十分全面，钻取、联动、旋转、切片、跳转都可以进行快速设置。

从企业级工具的角度看，FineBI 具有非常完善的数据权限管控能力，除了提供仪表板的权限分配之外，还能够针对不同部门/岗位/角色的人员进行行/列级别的数据权限管控，使得不同的人能够根据权限限制而只能看到自己的部分数据，如图 5 - 21 所示。

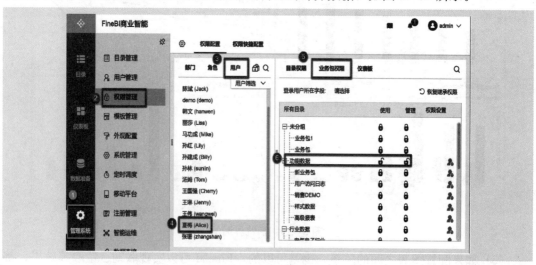

图 5 - 21　权限管理图

　　从性能上看，FineBI 则可以直接连接国内的大数据平台，可以通过服务器数据集对接多维数据库。另外，FineBI 拥有 FineDirect 引擎与 FineIndex 引擎双模式搭配，支持亿级数据的秒级呈现，以灵活应对企业大数据量处理需求。

　　从严格意义上讲，FineBI 是自助式的 BI 分析工具，因为它不仅有前端的数据分析操作功能，还有数据管理、以 IT 为中心的企业级管控，还有比较好的移动端支持，有原生的 App，也支持钉钉、微信企业号，体验也不错。图 5-22 是 FineBI 的整个功能架构。

图 5-22　FineBI 的功能架构

　　FineBI 作为国产工具，还为用户和数据爱好者提供了良好的交流平台和学习资源以及开放的行业案例，十分适合课程学习，并能够通过 60 万活跃用户的帆软中文社区进行任务共创、竞赛拿奖、考试认证、能力变现，如图 5-23 所示。

　　FineBI 下载地址：https://www.finebi.com/

　　帆软社区地址：https://bbs.fanruan.com/

三、用友分析云

（一）产品概述

用友分析云是用友数据服务解决方案的重要组成部分，致力于通过云服务模式（专属

图 5-23　帆软社区

云服务）向用户提供灵活、便捷的数据分析服务，其便捷的数据获取、高效的存储计算、丰富的输出展现、友好的互动体验、可靠的数据安全、多端（PC、移动）浏览适配能力有效地支撑了用户各类数据应用需求的实现。

用友分析云采用所见即所得的设计界面，无须编写代码，拖拽设计使得业务人员也可以轻松设计报表和故事板，与数据进行友好交互。使用者可以自由创建数据模型，对数据进行筛选排序，使用表格和多种可视化控件设计出美观实用的数据分析页面。

用户可以随时随地从 PC、平板电脑和手机端在任意地点通过连接互联网访问同一张报表进行业务分析，并利用微信、邮件等分享给同事，对方可以立刻知悉，从而实现随时随地的高效率数据洞察与业务分析。

用友分析云的业务价值：

（1）跨数据源整合数据，用户便捷上传更新数据；

（2）提高分析报告的制作效率，分析结果快速呈现；

（3）便捷的自助交互能力使管理层及各级业务人员第一时间获得实时指标数据；

（4）业务人员及时掌握产品、客户、供应商的数据，及时获取动态绩效信息；

（5）灵活丰富的可视化展现，并可通过配置实现分析报告的快速调整；

（6）没有技术背景的运营人员和业务人员可便捷地进行分析云；

（7）集团高层领导能够实时掌控集团的全部运营情况和各项业绩指标；

（8）整理了海量的 Excel 数据，规范了基础数据；

（9）系统从多角度进行快速数据深度分析；

（10）系统操作简便、易于上手，大大节省了业务人员学习成本；

（11）方便及时的分析帮助客户发掘数据，提升客户对业务系统的响应能力。

用友分析云既可以满足用户的深度业务分析需求，又可以快速地帮助用户实现个性化定制数据分析，实现良好的项目体验，真正实现了数据分析驱动业务改进。

（二）功能介绍

分析云为不同角色的用户提供不同的产品功能合集，如图5-24所示。

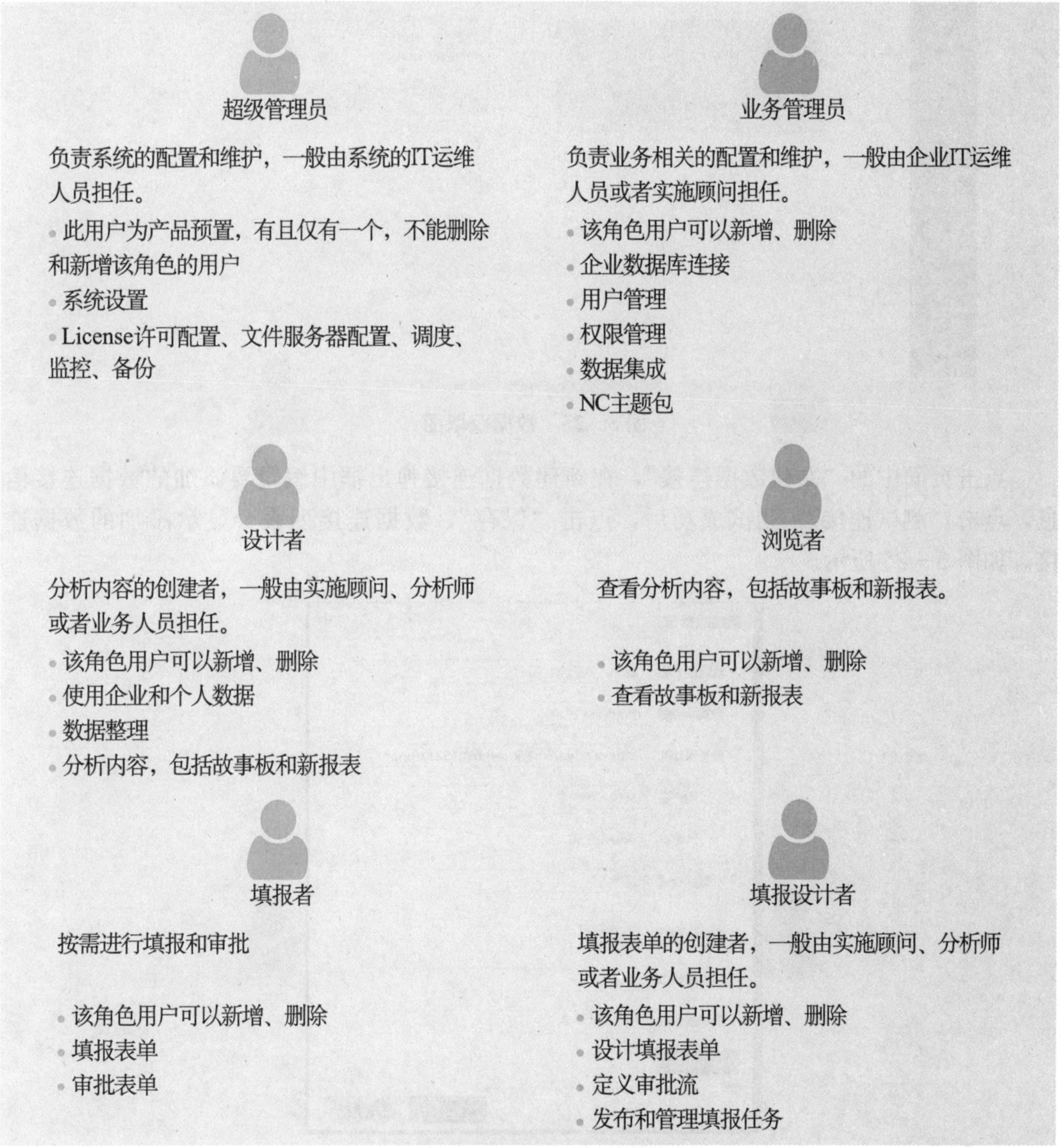

超级管理员

负责系统的配置和维护，一般由系统的IT运维人员担任。

- 此用户为产品预置，有且仅有一个，不能删除和新增该角色的用户
- 系统设置
- License许可配置、文件服务器配置、调度、监控、备份

业务管理员

负责业务相关的配置和维护，一般由企业IT运维人员或者实施顾问担任。

- 该角色用户可以新增、删除
- 企业数据库连接
- 用户管理
- 权限管理
- 数据集成
- NC主题包

设计者

分析内容的创建者，一般由实施顾问、分析师或者业务人员担任。

- 该角色用户可以新增、删除
- 使用企业和个人数据
- 数据整理
- 分析内容，包括故事板和新报表

浏览者

查看分析内容，包括故事板和新报表。

- 该角色用户可以新增、删除
- 查看故事板和新报表

填报者

按需进行填报和审批

- 该角色用户可以新增、删除
- 填报表单
- 审批表单

填报设计者

填报表单的创建者，一般由实施顾问、分析师或者业务人员担任。

- 该角色用户可以新增、删除
- 设计填报表单
- 定义审批流
- 发布和管理填报任务

图5-24　分析云角色概览图

（三）数据分析基本流程

1. 数据获取

分析云系统提供三种数据获取的方式，即直连数据库、上传数据文件、数据填报补录，如图 5 - 25 所示。

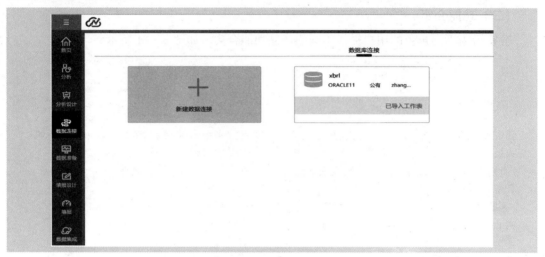

图 5 - 25   数据获取图

点击页面中的"新建数据连接"，在新建数据连接弹出框中编辑要添加的数据连接信息，点击"测试连接"，测试成功后，点击"保存"，数据连接列表会显示添加的数据连接，如图 5 - 26 所示。

图 5 - 26   新建数据源界面

2. 上传数据

分析云系统可以通过上传数据来采集分析数据，如图 5-27 所示。设计者用户可以在数据准备节点上传本地的数据文件（如 Excel、CSV）到分析云，进一步支持分析。

图 5-27　数据准备页面中的数据上传

若选择了 Excel 数据，则列出文件中所有页签供用户选择，后续需要继续选择保存文件夹等信息，最后保存上传。若选择了 CSV 数据，则列出所有字段供用户选择，如图 5-28 所示。

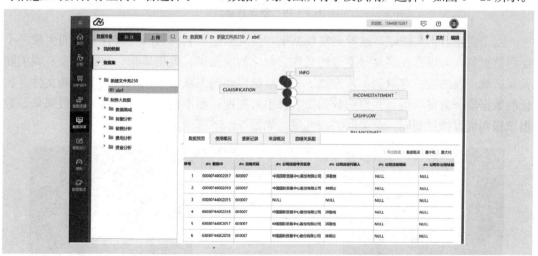

图 5-28　上传的数据

上传后的数据，在数据预览页签可以追加数据、替换数据、新增字段。追加数据是在当前数据的基础上直接追加，而替换数据则会用新数据替换当前数据。点击追加数据按钮，会弹出对话框，左侧显示当前数据的字段，右侧显示上传和重置按钮。

点击上传，选择追加数据，追加数据字段会自动和当前数据匹配，并给出相应校验提示，校验通过即可追加。

替换数据操作与以上步骤类似：点击新增字段，输入字段名称、字段类型、字段默认值，用于补齐之前上传的数据。

3. 新建关联数据集

分析云系统可以通过上传数据来采集分析数据，设计者用户可以在数据准备节点上传本地的数据文件（如 Excel、CSV）到分析云，进一步支持分析，如图 5-29 所示。

图 5-29　创建数据集

点击新建数据集按钮，选择关联数据集，设置数据集名称和所在文件夹后即生成一个空白数据集。可以拖拽多表（上传的文件、物化的数据集、数据填报、数据源表）到关联关系区域。表的拖拽有限制，若拖拽了一个数据源表到关联关系区域，则上传的文件、物化的数据集、数据填报、其他的数据源表都不可拖拽；而上传的文件、物化的数据集、数据填报则可以拖拽到同一个关联关系区域，如图 5-30 所示。

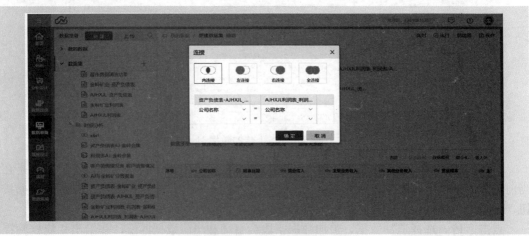

图 5-30　关联数据集

搭建关联关系的方式：点击一个表的表头，再点击另一个表的表头即可。关联关系默认内连接，可以更改为全连接、左连接、右连接，若有同名字段则会自动匹配关联，点击后可以修改。关联关系搭建后，需要选择数据集字段，选择的字段会在数据预览页签中显示出来。

4. 创建故事板

（1）在分析云界面中，点击左侧导航栏中的"分析设计"按钮，进入分析设计页面。

（2）在左上角找到"新建"按钮。

（3）在点击"新建"按钮后出现的菜单中选择"新建故事板"，可以弹出创建故事板的对话框。

（4）在故事板名称处，给新建的故事板命名，没有名称将无法创建故事板。如图 5-31 所示。

（5）选择故事板所在的路径。

（6）点击"新建文件夹"，在所选文件夹下创建下一级文件夹。文件夹层级最多为 3 级，无法在第 3 级文件夹下创建新文件夹，此时按钮会变成灰色而无法点击。

（7）创建了文件夹后，默认名称为"新建文件夹"，可以选择给文件夹重命名。

（8）选择创建普通故事板或移动故事板。普通故事板是适合在 PC 上使用的故事板，适配 PC 端的分辨率；移动故事板是专门给移动端使用的故事板，适配移动端分辨率。

（9）点击"确认"按钮就完成了故事板的创建，并且直接跳转到故事板编辑页中。

图 5-31　新建故事板图

5. 数据可视化

在故事板顶部的可视化菜单中，共有两种可视化添加方式：新建全新可视化、从可视化仓库中添加。如图 5-32 所示。

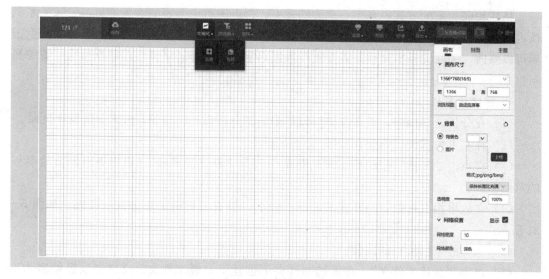

图 5 - 32　两种可视化添加方式图

新建可视化的第一个步骤是选择数据集，如图 5 - 33 所示，点击"新建"按钮可以进入数据集选择页面。页面左侧是数据集目录，点击需要使用的数据集后，右侧会出现该数据集中的数据，最多显示前 10 000 条。

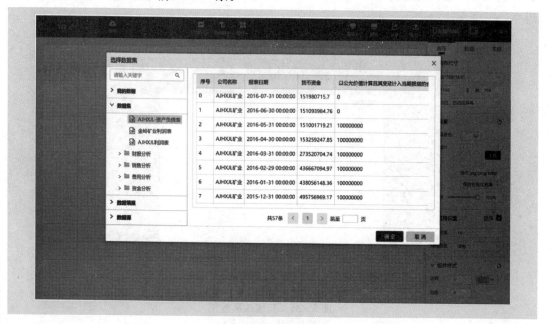

图 5 - 33　选择数据集图

进入可视化编辑器后，可以看到整个编辑器分为三大部分：顶部标签栏、左侧选项区、右侧展示区。图 5 - 34 是详细的功能布局说明：

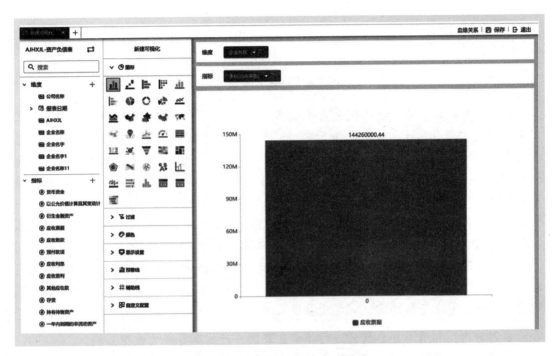

图 5 - 34　可视化编辑器功能图

（1）可视化标签区：显示当前正在编辑的可视化，可以通过加号添加可视化，实现批量创建可视化的功能。

（2）数据集显示区：此处显示当前可视化使用的数据集名称，并且可以通过右侧的按钮切换数据集，如果切换数据集，则当前对可视化所做的设置将全部被清除。

（3）维度和指标备选区：此处列出当前数据集所有的维度和指标字段，可以通过右侧的加号添加层级字段和计算字段。

（4）可视化名称：此处显示可视化名称，可以直接在这里修改当前可视化的名称，保存后生效。

（5）图形选择：共有 36 种图形可供选择。

（6）过滤：设置显示数据的过滤条件，可以添加多个过滤条件，多个过滤条件之间是与的关系。

（7）颜色：设置使用字段的颜色。

（8）显示设置：设置可视化显示相关的项目。

（9）预警线：设置预警条件，数据满足条件后发出报警通知。

（10）辅助线：添加数据辅助线，主要是最大值、最小值、平均值等。

（11）自定义配置：允许设计者通过直接修改代码的方式自定义可视化。

（12）维度和指标应用区：可以将左侧的维度和指标字段拖入该区域来制作可视化。

（13）可视化显示区：在这里显示可视化。

🔍 实战应用

大数据经典案例解析

案例背景：某矿业科技有限公司于 2003 年成立，是一家集矿山采选技术研究、矿产资源勘查、矿山设计、矿山投资开发、矿产品加工与销售于一体的集团化企业。总公司下辖 28 家子公司，拥有矿山 31 个，资源占有量达 16.61 亿吨。其中，铁矿资源 8.97 亿吨；钼矿资源 4.9 亿吨；原煤资源 1.3 亿吨；方解石资源 463 万吨，远景储量 1 000 万吨；铜矿资源 930 万吨。该公司目前已投产的铁矿山 22 个，煤矿 2 个，钼矿 1 个，方解石矿 1 个，铜矿 1 个。该公司年产铁精粉 550 万吨、钼精粉 15 000 吨、铜金属 4 200 吨、锌精粉 3 000 吨、铅精粉 8 000 吨、磷精粉 110 万吨、硫精粉 15 万吨、硫酸 11 万吨、硫酸钾 4 万吨、磷酸氢钙 2 万吨。公司通过自我勘查与合作勘查，在内蒙古、青海、云南、西藏、河北等地拥有铁、铜、煤等资源探矿权。公司现有员工 3 200 人，其中博士、硕士学位人才 20 余人，学士学位人才 100 余人，各专业技术人才 1 500 人。

案例分析：利用用友分析云进行该矿业集团资产状况可视化数据呈现。

步骤一：上传该集团资产负债表和利润表至分析云，如图 5-35 所示。

图 5-35　上传数据图

步骤二：将上传的资产负债表和利润表关联形成新的数据集——资产利润表，如图 5-36 所示。

步骤三：基于新创建的资产利润表数据集做资产状况可视化数据呈现，如图 5-37 所示。

（1）维度：年。

（2）指标：资产总计。

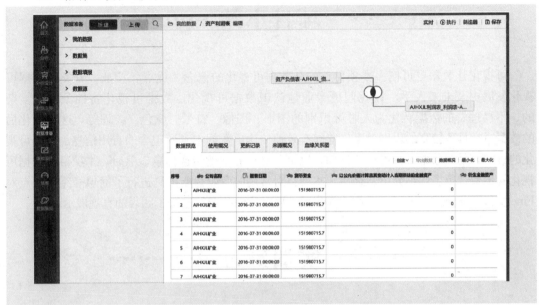

图 5-36　资产负债表、利润表关联图

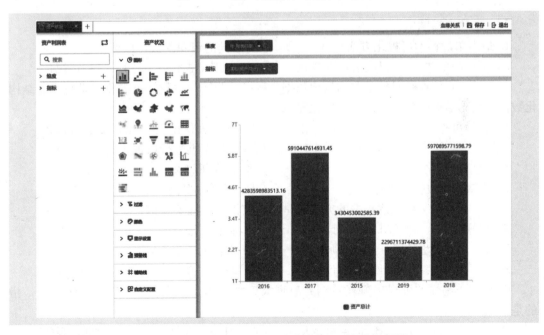

图 5-37　资产利润表数据集资产状况可视化数据图

·············· 项目小结 ··············

可视化让数据更可信。本项目首先从数据可视化的概念、优点、特征、分类及数据可视化发展史及未来入手，让我们更专业地认识数据可视化。数据可视化将抽象的、复杂的、不易理解的数据转化为人眼可识别的图形、图像、符号、颜色、纹理等，这些转化后的数据通常具备较高的识别效率，能够有效地传达出数据本身所包含的有用信息。数据可视化的目的，是对数据进行可视化处理，以更明确、有效地传递信息。然后，本项目对数据可视化的步骤进行了详细介绍。最后，本项目对常用的商业智能工具进行了简单介绍，重点对FineBI 和用友分析云做了可视化流程演示，并对这两款产品进行了图表的直观展示。

·············· 实训练习 ··············

 应知考核

一、单项选择题

1. 最简单的科学可视化方法是（　　），它将不同的值映射成不同的颜色。

A. 颜色映射法　　　B. 信息可视化　　　C. 图表可视化　　　D. 数据可视化

2. （　　）处理的对象是非结构化数据。所以，非结构化数据可视化通常是将非结构化数据转化为结构化数据再进行可视化显示。

A. 科学可视化　　　B. 信息可视化　　　C. 图表可视化　　　D. 数据可视化

3. （　　）通常是将非结构化数据转化为结构化数据再进行可视化显示。

A. 科学可视化　　　　　　　　　　　B. 信息可视化

C. 非结构化数据可视化　　　　　　　D. 图表可视化

4. （　　）是一种表达数据的方式，是对现实世界的抽象表达。

A. 可视化　　　B. 数据计算　　　C. 数据汇总　　　D. 图表展示

5. （　　）被称作最新的商业原材料——"21 世纪的石油"。

A. 可视化　　　B. 数据计算　　　C. 数据汇总　　　D. 数据

6. 用简单易懂的可视化方式总结并呈现大型数据集，为读者提供有价值的信息，指的是（　　）。

A. 科学可视化　　　B. 信息可视化　　　C. 图表可视化　　　D. 数据可视化

7. （　　）可以帮助人类洞察出数据背后隐藏的潜在规律，进而提高数据挖掘的效率。

A. 信息可视化　　　B. 数据可视化　　　C. 图表可视化　　　D. 数据汇总

二、多项选择题

1. 数据可视化的优点有（　　）。

A. 动作更快　　　　　　　　　　　B. 以设定方式提供结果

C. 能够理解运营和结果之间的连接　　D. 美观

2. 可视化技术广泛应用于（　　）的处理和分析。

A. 大规模　　　　B. 高纬度　　　　C. 非结构化数据　　D. 结构化数据

3. 在大数据时代，数据可视化技术在广泛应用的同时，也面临诸多新的挑战，包括
（　　）。

A. 数据规模　　　　B. 数据融合　　　　C. 图表绘制效率　　D. 图表表达能力

4. 下列属于大数据时代数据可视化面临的新挑战的是（　　）。

A. 图表表达能力　　　　　　　　　B. 系统可扩展性

C. 快速构建能力　　　　　　　　　D. 数据分析与数据交互

5. 数据可视化的主要作用在于通过（　　）将关键数据和特征直观地传达出来，从
而实现对相当稀疏而又复杂的数据集的深入洞察。

A. 图形　　　　　　B. 色彩　　　　　　C. 表　　　　　　D. 数据

三、判断题

1. 数据可视化的本质就是视觉对话。（　　）

2. 数据可视化的主要作用在于通过图形和色彩将关键数据和特征直观地传达出来，
从而实现对相当稀疏而又复杂的数据集的深入洞察。（　　）

3. 无论哪一种可视化类型都有其规则可循。这些规则不仅取决于设计或统计数字，
而且受人类感知的支配。（　　）

4. 一个图表中需要剔除的东西，在另一个图表中也许是有用的。（　　）

5. 数据可视化是一种非常清晰的沟通方式，使业务领导者能够更快地理解和处理那
些复杂的数据。（　　）

6. 数据可视化是一种纯粹的数据呈现。（　　）

应会考核

1. 阐述数据可视化的优点。

2. 简述 Power BI 的三个基本元素。

3. 阐述用友分析云的业务价值。

项目六

大数据安全

知识目标
- 理解大数据安全的重要性
- 了解大数据安全问题分类
- 熟悉大数据安全新特征
- 了解大数据安全保护原则及对策

能力目标
- 掌握大数据安全技术体系
- 掌握大数据安全技术种类

素质目标
通过本项目的学习，学生提高自身大数据安全意识。

任务一
大数据安全概述

当今社会正处在一个信息爆炸的时代，同时也是一个信息安全面临最大挑战的时代。在数据价值体现的同时，数据安全问题也愈加凸显，数据泄露、数据丢失、数据滥用等安全事件层出不穷，对国家、企业和个人用户造成恶劣影响，信息的安全使用和管理成为社会，乃至国家安全的重要战略问题。如何应对大数据时代下严峻的数据安全问题，在安全、合法、合规的前提下使用及共享数据成为备受瞩目的问题。

习近平总书记在中国共产党第二十次全国代表大会报告中指出："完善重点领域安全保障体系和重要专项协调指挥体系，强化经济、重大基础设施、金融、网络、数据、生物、资源、核、太空、海洋等安全保障体系建设。"大数据时代，个人信息等数据不但关系到每个人的切身利益，也关系到国家公共安全与社会稳定，如何在进一步推动大数据应用的同时，加强数据安全与个人信息保护，成为个人及国家常态化下必须面对的课题。

经典案例

疫情防控常态化下个人信息保护

新冠疫情发生以来，许多人在不同场所被收集了个人信息，在小区、公交、酒店、药店、饭店等公共场合，都要求手机扫码或手动填单。如何处理这些数据，成为舆论热议话题。

随着我国疫情防控进入常态化，大数据在赋能疫情防控的同时，也引发了一些数据应用超出边界的担忧。5月，杭州市卫生健康委召开全市卫健系统深化杭州健康码常态化应用工作部署会，提出通过集成电子病历、健康体检、生活方式管理的相关数据，在关联健康指标和健康码颜色的基础上，探索建立个人健康指数排行榜；通过大数据对楼道、社区、企业等健康群体进行评价。此举引发公众担忧。有网民认为，当个人病历、生活方式等更多维度的信息被收集，一旦被泄露或滥用，对个人带来的风险巨大。健康码作为特殊时期的应急做法，理应具有暂时性、边界性、可恢复性等特征，在防控常态化的后疫情时代，有关部门是否有必要继续收集个人信息，还需进一步征求个人意见，凝聚社会共识。

全国两会期间，不少代表委员就健康码的信息去留问题提出了建议意见，全国人大代表、全国人大社会建设委员会副主任委员任贤良建议，防疫期间采取的一些特殊措施，不能没完没了地延续下去。疫情结束后，有关部门应当对收集的个人信息进行封存、销毁。全国政协常委、国务院参事甄贞建议，应当建立公民个人信息定期清理机制，参照档案保存的管理模式，明确疫情防控期间收集的不同类别个人信息的保管期限，对于期限届满的个人信息，由相关负责人员及时运用删除数据库、销毁纸质文档等方式予以清除，降低信息保管成本和泄露风险。

资料来源：保障个人信息安全 进一步推动大数据应用．（2020－07－13）．http：// www.sjz.gov.cn/col/1598783698036/2020/07/13/1603075827086.html.

案例思考：结合案例谈谈大数据时代如何保护个人信息。

一、大数据安全的定义、目标和重要性

（一）大数据安全的定义

所谓数据安全，其实就是保障数据全生命周期的安全和处理合规。其中，数据的全生命周期，包括数据生产、使用、存储、传输、披露、销毁等；处理合规其实就是在数据处理的过程中符合各项法律法规的要求。

（二）大数据安全的目标

大数据安全体系的建设重点关注数据的应用场景和隐私保护，主要有如下目标：

（1）满足基本数据安全需求，要以数据为中心，不管是静态还是动态，进行全生命周期安全防护，对敏感数据进行数据合规和基本数据安全保护；

（2）不能只局限于单一平台或产品，需要覆盖数据的所有环节和应用场景；

（3）数据支持分类分级，重视数据角色权限管理和数据全生命周期管理；

（4）时刻关注合规性处理，需要体系化的合规处理机制。

（三）大数据安全的重要性

（1）在现代社会，无论是商业决策、智慧城市、社会治理，还是国家战略的制定，越来越离不开大数据的支撑，而一旦大数据在安全性能上出现问题，后果将不堪设想。例如，对于在2020年1月爆发的新型冠状病毒肺炎疫情，我国就是依据大数据进行分析判断，从疫情的防护、患者的救助、物资调配，再到人员分配和有针对性的复工复产，定向帮扶，帮助企业渡过难关，而这些数据一旦遭到泄露或非法利用，将会给个人、企业和国家的安全带来巨大的威胁，而在未来，大数据会逐渐扮演更重要的角色，发挥更大的作用，大数据的影响力自然不容小觑。因此，大数据安全应该受到重视。

（2）大数据多元的广度属性决定了大数据安全的重要意义。从技术角度来讲，大数据作为一种新型技术手段，需要与工业、制造业等产业结合，才能产生出巨大的效能，这就

决定了大数据安全显得尤为关键，否则所产生的负面影响也将会涉及众多领域。以制造业为例，根据麦肯锡的一项测算，如果大数据技术能够在制造业得以充分利用，那么仅在生产成本环节就能降低 15% 左右的费用，而对于制造业的其他环节，包括设计、制造等领域，大数据的应用会更加广泛并且为制造业带来更多的盈利空间。当前我国的不同行业也正积极推进数字化转型、智能化的提升，由大数据推动的数字经济正成为我国经济发展新引擎。因此，这更需要我们对大数据的安全加以重视。

（3）在大数据时代，只有流动的数据才能实现价值的最大化，而流动的数据，尤其是跨国数据的流动，则会引发新的安全风险，因此，需要建立相应的大数据安全防护体系，否则国家重要的战略信息就会面临泄露的风险。例如，一些跨国电商企业可以通过订单的相关数据来推测某个群体的消费情况，进而能够对行业，乃至国家的宏观经济运行情况进行推测；跨国手机制造商也可以通过用户手机定位，从而推测出整个国家移动通信基站的分布，而这些信息对于国家的安全都起着至关重要的作用。

（4）对于个人而言，在享受大数据产业发展给个人带来便利的同时，也应重视大数据的隐私保护。例如，中国的金融科技企业为了提升用户的体验和服务效率，利用大数据在几分钟内审批贷款，全程无须人工干预，使得用户享受了服务，企业降低了运营成本，真正实现了双赢。但是用户为了这样的便利，需要出让自己的个人信息，就会带来泄露或盗用风险，因为对于用户来说，很难控制企业在数据收集和处理过程中不规范的行为，虽然企业对数据进行了匿名化，但数据依然可以被还原，导致技术失灵。根据相关报告统计，仅在 2019 年上半年，全世界范围的个人数据泄露量在 40 亿条，并且此类泄露事件还以每年 50% 的速度在不断增长。就全世界而言，大数据安全问题已迫在眉睫。

二、大数据安全问题分类

大数据 5V 的特性和新的技术架构颠覆了传统的数据管理方式，在数据来源、数据处理使用和数据思维等方面带来了革命性的变化，这给大数据安全防护带来了严峻的挑战。大数据的安全不仅是大数据平台的安全，而且是以数据为核心，围绕数据全生命周期的安全。数据在全生命周期各阶段流转过程中，在数据采集汇聚、数据存储处理、数据共享使用等方面都面临新的安全挑战。

1. 个人信息安全问题

传统的隐私是隐蔽、不公开的私事，实际上是个人的秘密。大数据时代的隐私与传统的不同，内容更多，分为个人信息、个人事务、个人领域，即隐私是一种与公共利益、群体利益无关，当事人不愿他人知道或他人不便知道的个人信息，当事人不愿他人干涉或他人不便干涉的个人私事，以及当事人不愿他人侵入或他人不便侵入的个人领域。在大数据时代，个人身份、健康状况、个人信用和财产状况以及自己恋人的亲密过程都是隐私，使用设备、位置信息、电子邮件也是隐私，同时上网浏览情况、应用的 App、在网上参加的活动、发表及阅读的帖子、点赞、通过网络购买的物品、加入的群聊也可能成为隐私。目前，在百度搜索"个人信息安全"有近 3 000 万条搜索结果。"共享充电宝"出卖个人信息、"大数据杀熟"和"刷脸与个人信息"也成为近期的新闻热词。

随着大数据产业的不断发展应用，个人信息的安全使用和管理成为社会，乃至国家信息安全的重要战略问题。

个人信息的泄露绝不仅仅是侵犯隐私那么简单，还有可能威胁大家的人身和财产安全。像生活中经常出现的冒名办卡恶意透支、垃圾信息源源不断、骚扰电话不分昼夜等情况，很大因素是个人信息泄露所致。维护个人信息安全是一场持久战，也是一场前所未有的遭遇战。美国也曾发生过约 1.91 亿选民个人信息外泄，英国巴克莱银行曾有数万客户的个人资料被盗。网络犯罪的"进化"程度，有时会超过法律法规的制定速度。从技术上寻求防护对策，在理念上提高网民安全意识，多方用力、立体防护，才能打赢个人信息安全保卫战。

2. 国家信息安全问题

大数据作为一种社会资源，不仅给互联网领域带来了变革，也给全球的政治、经济、军事、文化、生态等带来了影响，已经成为衡量综合国力的重要标准。大数据事关国家主权和安全，必须加以高度重视。

（1）大数据成为国家之间博弈的新战场。

大数据意味着海量的数据，也意味着更复杂、更敏感的数据，特别是关系国家安全和利益的数据，如国防建设数据、军事数据、外交数据等，极易成为网络攻击的目标。一旦机密情报被窃取或泄露，就会关系到整个国家的命运。

"维基解密"网站泄露美国军方机密，影响之深远，令美国政府"愤慨"。美国国家安全顾问和白宫发言人强烈谴责维基解密的行为，其危害了国家安全，置美军和盟友的危险于不顾之地。举世瞩目的"棱镜门"事件，更是昭示着国家安全经历着大数据的严酷挑战。在大数据时代，数据安全问题的严重性愈发凸显，已超过其他传统安全问题。

此外，对于数据的跨国流通，若没有掌握数据主权，势必影响国家主权。因为发达国家的跨国公司或政府机构，凭借其高科技优势，通过各种渠道收集、分析、存储及传输数据的能力会强于发展中国家，若发展中国家向外国政府或企业购买其所需数据，只要卖方有所保留（如重要的数据故意不提供），其在数据不完整的情形下就无法做出正确的形势研判，经济上的竞争力势必大打折扣，发展中国家在经济发展的自主权上也会受到侵犯。漫无限制的数据跨国流通，尤其是当一国经济、政治方面的数据均由他国收集、分析进而控制的时候，数据输出国会以其特有的价值观念对所收集的数据加以分析研判，无形中会主导数据输入国的价值观及世界观，对该国文化主权造成威胁。此外，对数据跨国流通不加限制还会导致国内大数据产业仰他人鼻息求生，无法自立自足，从而丧失了本国的数据主权，危及国家安全。

因此，大数据安全已经作为非传统安全因素，受到各国的重视。大数据重新定义了大国博弈的空间，国家强弱不仅以政治、经济、军事实力为着眼点，数据主权同样决定国家的命运。目前，电子政务、社交媒体等已经扎根在人们的日常生活中，各行各业的有序运转已经离不开大数据，此时，数据一旦失守，将会给国家安全带来不可估量的损失。

（2）自媒体平台成为影响国家意识形态安全的重要因素。

自媒体又称为"公民媒体"或"个人媒体"，是指私人化、平民化、普泛化、自主化的传播者，以现代化、电子化的手段，向不特定的大多数或者特定的单个人传递规范性及非规范性信息的新媒体的总称。自媒体平台包括博客、微博、微信、抖音、百度官方贴吧论坛 BBS 等网络社区。大数据时代的到来重塑了媒体的表达方式，传统媒体不再是一枝独秀，自媒体迅速崛起，使得每个人都是自由发声的独立媒体，都有在网络平台发表自己观点的权力。但是，自媒体的发展良莠不齐，一些自媒体平台上垃圾文章、低劣文章层出不穷，甚至一些自媒体为了追求点击率，不惜突破道德底线发布虚假信息，受众群体难以分辨真伪，冲击了主流媒体发布的权威性。网络舆情是人民参政议政、舆论监督的重要反映，但是网络的通达性使其容易受到境外敌对势力的利用和渗透，成为民粹的传播渠道，削弱了国家主流意识形态的传播，对国家的主权安全、意识形态安全和政治制度安全都会产生很大影响。

三、大数据安全的新特征

大数据在当下具有以下新特征：

（1）海量的数据规模造成大数据的大影响力，大数据已经对经济运行机制、社会生活方式和国家治理能力产生深刻影响，需要从"大安全"的视角认识和解决大数据安全问题。大数据是一把"双刃剑"，在带来益处的同时具有破坏力，因此大数据安全保障体系要从经济、技术、法律等方面全方位实施。

（2）大数据采用新型计算机架构、智能算法等新技术，大数据正逐渐演变为新一代基础性技术和工具，大数据平台的自身安全将成为大数据与实体经济融合领域安全的重要因素。通过大数据与实体经济的融合促使传统制造业转向智能制造，使制造业更加网络化、数字化、智能化，这一本质的改变使网络攻击手段发生变化，攻击目的由原来的单纯窃取数据、瘫痪系统变为操纵分析结果；攻击效果由原来的直观易察觉的信息泄露转为现在细小难以察觉的分析结果偏差，这就需要构建更加完善的大数据平台保护体系。

（3）快速流转的数据就像是不断流动的水，只有不断流转才能保证大数据的新鲜和价值。大数据时代，数据在流动过程中实现价值最大化，需要重构以数据为中心、适应数据跨界流动的安全防护体系。大数据时代，数据流动成为常态，数据频繁跨界流动引发新的安全风险，特别是在数据共享环节存在数据授权管理问题、数据流向追踪问题、安全审计问题等数据滥用风险，这就需要构建以数据为中心的动态、连续的数据安全防范体系。

（4）大数据推动数字经济新业态、新模式蓬勃发展，广大民众在享受便捷化信息服务的同时却面临保护个人信息的两难抉择。大数据带来的互联网、物联网等新智能时代方便了人们的日常，但是在带来便捷的同时个人信息权利被动削弱，用户的隐私安全受到威胁，这就需要高水平的隐私保护技术。

任务二
大数据安全技术

一、大数据安全技术体系

中国信息通信研究院将大数据安全技术体系分为 3 个层次：大数据平台安全、数据管理安全和隐私保护安全。

大数据平台安全主要包括基础设施安全、传输交换安全、存储安全、平台管理安全和计算安全。其中，基础设施安全中的物理安全、网络安全、虚拟化安全是大数据平台安全运行的基础。传输交换安全是指与外部系统交换数据过程的安全可控。存储安全是指对平台中的数据设置备份与恢复机制，采用数据访问控制机制来防止数据的越权访问。平台管理安全包括平台组件的安全配置、资源安全调度、补丁管理等内容。计算安全又称隐私计算，指在保证数据提供方不泄露敏感数据的前提下，对数据进行分析计算并能验证计算结果的信息技术。广义上，计算安全是指面向隐私保护的计算系统与技术，涵盖数据的产生、存储、计算、应用、销毁等信息流转的全生命周期，完成计算任务，使得数据在各个环节中"可用但不可见"。大数据平台安全作为最底层、最基础的组件为其上运行的数据和应用提供安全机制的保障；数据管理安全则会在数据的流转或者全生命周期中提供功能和手段防护数据的安全；最上层的隐私保护安全是在数据管理安全的基础上对个人敏感数据和企业数据资产的保护。

数据管理安全是指平台为支撑数据流动安全所提供的安全功能，包括数据分类与分级、元数据管理、数据质量管理、数据加密、数据隔离、防泄露等。

隐私保护安全是指利用去标识化、匿名化、密文计算等技术保障个人数据在平台上处理、流转的过程中不泄露个人隐私或个人秘密。这里所说的隐私保护并不仅指保护个人隐私权，还包括在收集和使用个人信息时保障数据主体的信息自决权。

二、大数据安全技术种类

从数据生命周期的角度区分，数据安全技术包括作用于数据采集阶段的敏感数据鉴别

发现、数据分类分级标签、数据质量监控；作用于数据存储阶段的数据加密、数据备份容错；作用于数据处理阶段的数据脱敏、安全多方计算、联邦学习；作用于数据删除阶段的数据全副本销毁；作用于整个数据生命周期的用户角色权限管理、数据传输校验与加密、数据活动监控审计等。

下面我们简单介绍几种常用技术。

1. 数据加密技术

数据加密是用某种特殊的算法改变原有的信息数据使其不可读或无意义，使未授权用户获得加密后的信息，因不知解密的方法而仍无法了解信息的内容。加密建立在对信息进行数学编码和解码的基础上，是保障数据机密性最常用也是最有效的一种方法。

在大数据环境中，数据具有多源、异构的特点，数据量大且类型繁多，若对所有数据制定同样的加密策略，则会大大降低数据的机密性和可用性。因此，在大数据环境下，需要先进行数据资产安全分类分级，然后对不同类型和安全等级的数据指定不同的加密要求和加密强度。尤其是大数据资产中非结构化数据涉及文档、图像和声音等多种类型，其加密等级和加密实现技术不尽相同，因此，需要针对不同的数据类型提供快速加解密技术。

2. 身份认证技术

在虚拟的互联网世界中，要想保证通信的可信和可靠，必须正确识别通信双方的身份，这就要依赖于身份认证技术，目的在于识别用户的合法性，从而阻止非法用户访问系统。身份认证技术是确认操作者身份的过程，基本思想是通过验证被认证对象的属性来确认被认证对象是否真实有效。

用户身份认证的方法有很多，主要分为三类：一是基于被验证者所知道的信息，即知识证明，如使用口令、密码等进行认证；二是基于被验证者所拥有的东西，即持有证明，如使用智能卡、USB Key 等进行证明；三是基于被验证者的生物特征，即属性证明，如使用指纹、笔迹、虹膜等进行认证。当然也可以综合利用这 3 种方式来鉴别，一般情况下，鉴别因子越多，鉴别真伪的可靠性越大，当然也要综合考虑鉴别的方便性和性能等因素。

在大数据环境中，用户数量众多、类型多样，必然面临着海量的访问认证请求和复杂的用户权限管理的问题，而传统的基于单一凭证的身份认证技术不足以解决上述问题，一般综合利用多种身份验证方法来认证用户身份。

3. 访问控制技术

访问控制技术是指防止对任何资源进行未授权的访问，从而使计算机系统在合法的范围内使用。访问控制技术意指通过用户身份及其所归属的某项定义组来限制用户对某些信息项的访问，或者限制对某些控制功能的使用的一种技术。访问控制的主要目的是限制访问主体对客体的访问，从而保障数据资源在合法范围内得以有效使用和管理。为了达到上述目的，访问控制需要完成两个任务：一是识别和确认访问系统的用户，二是决定该用户可以对某一系统资源进行何种类型的访问。

访问控制的主要功能包括：保证合法用户访问受权保护的网络资源，防止非法的主体进入受保护的网络资源，或者防止合法用户对受保护的网络资源进行非授权的访问。访问控制首先需要对用户身份的合法性进行验证，然后利用控制策略进行选用和管理，当用户身份和访问权限验证通过后，还需要对越权操作进行监控。因此，访问控制的内容包括认证、控制策略实现和安全审计。

4. 安全审计技术

安全审计是指在信息系统的运行过程中，对正常流程、异常状态和安全事件等进行记录和监管的安全控制手段，防止违反信息安全策略的情况发生，也可用于责任认定、性能调优和安全评估等目的。安全审计的载体和对象一般是系统中各类组件产生的日志，格式多样化的日志数据经规范化、清洗和分析后形成有意义的审计信息，辅助管理者形成对系统运行情况的有效认知。

按照审计对象的不同，安全审计分为系统级审计、应用级审计、用户级审计及物理访问审计四类。

在大数据环境中，设备类型众多、网络环境复杂、审计信息海量，传统的安全审计技术和已有的安全审计产品难以快速、准确地进行审计信息的收集、处理和分析，难以全方位地对大数据环境中的各个设备、用户操作、系统性能进行实时动态监视及实时报警。

5. 数据溯源技术

早在大数据概念出现之前，数据溯源（Data Provenance）技术就在数据库领域得到广泛研究。其基本出发点是帮助人们确定数据仓库中各项数据的来源，例如，了解它们是由哪些表中的哪些数据项运算而成，据此可以方便地验算结果的正确性，或者以极小的代价进行数据更新。除数据库以外，数据溯源技术还包括 XML 数据、流数据与不确定数据的溯源技术。数据溯源技术也可用于文件的溯源与恢复，例如，研究者通过扩展 Linux 内核与文件系统，创建一个数据起源存储系统，可以自动搜集起源数据。

未来数据溯源技术将在网络安全领域发挥重要作用。美国国土安全部在 2009 年呈报"国家网络空间安全"的报告中，将数据溯源技术列为未来确保国家关键基础设施安全的 3 项关键技术之一。然而，数据溯源技术在大数据安全中的应用还面临如下挑战。

（1）数据溯源与隐私保护之间的平衡：一方面，基于数据溯源对大数据进行安全保护，只有通过分析技术获得大数据的来源，才能更好地支持安全策略和安全机制的工作；另一方面，数据来源往往本身就是隐私敏感数据，用户不希望这方面的数据被分析者获得。因此，如何平衡这两者的关系是需要研究的问题之一。

（2）数据溯源技术自身的安全性保护：当前数据溯源技术并没有充分考虑安全问题，例如，标记自身是否正确、标记信息与数据内容之间是否安全绑定等。而在大数据环境下，其大规模、高速性、多样性等特点使该问题更加突出。

6. 恢复与销毁技术

数据恢复技术就是把遭到破坏，或者由于硬件缺陷导致的不可访问或不可获得，或者由于误操作、突然断电、自然灾害等突发灾难所导致的，或者遭到犯罪分子恶意破坏等各种原因导致的原始数据在丢失后进行恢复的技术。数据恢复技术主要包括几类：软恢复、硬恢复、大型数据库系统恢复、异型操作系统数据恢复和数据覆盖恢复等。

软恢复针对的是存储系统、操作系统或文件系统层次上的数据丢失，这种丢失是多方面的，如系统软硬件故障、死机、病毒破坏、黑客攻击、误操作、阵列数据丢失等。这方面的研究工作起步较早，主要难点是文件碎片的恢复处理、文档修复和密码恢复。

硬恢复针对的是硬件故障所造成的数据丢失，如磁盘电路板损坏、盘体损坏、磁道损坏、磁盘片损坏、硬盘内部系统区严重损坏等，恢复起来难度较大，如果是内部盘片数据区严重划伤，会造成数据彻底丢失而无法恢复数据。

大型数据库系统中存储相当重要的数据，数据库恢复技术是数据库技术中的一项重要技术，其设计代码占到数据库设计代码的10%。常用的大型数据库系统恢复方法有冗余备份、日志记录文件、带有检查点的日志记录文件、镜像数据库等。

异型操作系统数据恢复指的是不常用、比较少见的操作系统下的数据恢复，如MAC、OS2、嵌入式系统、手持系统、实时系统等。

数据被覆盖后再要恢复的话，难度非常大，这与其他四类数据恢复有本质的区别。目前，只有硬盘厂商及少数几个国家的特殊部门能够做到，它的应用一般都与国家安全有关。

数据销毁技术是数据使用者在使用完敏感数据后将其销毁。从管理角度来讲，对于敏感程度高的数据，对接触到它的人员可分为数据使用者和数据保管者。数据使用者在使用完敏感数据后就应该将其销毁，这就需要销毁技术。数据在使用过程中，应有专人监督，另设专人负责销毁。对于敏感程度低的数据，由于它散落在各个角落，不可能对其进行非常彻底的清除，因此只能要求人员自行销毁，并定期对其进行提醒。

从技术角度来讲，对于不同敏感程度的数据，可采用不同成本的销毁方法，例如，日常工作中，将自身数据的敏感程度分为4个层次：较低、一般、较高、最高。对于军队来说，相当多的数据的敏感程度应该属于最高。对于敏感程度较低的数据可采用覆写软件对其进行覆写，覆写算法可选用较为简单的，覆写遍数可以只设为一遍；对于敏感程度一般的数据可采用更复杂的覆写算法和更多的覆写遍数，这样增加了安全性，但同时加大了时间成本；对于敏感程度较高的数据，覆写软件不够安全，可以采用消磁法进行销毁；对于敏感程度最高的数据，可能还要配合焚毁或物理破损等手段，当然，需要通过这种方式销毁的数据很少，可委托专门机构进行销毁。另外，对于一般的基层单位，对返修和报废的设备通常都有较为成熟的管理流程，只要在已有的流程中增加数据销毁一环，就可极大地提高整体的网络安全程度。

7. 数据脱敏技术

数据脱敏技术是指对敏感数据通过脱敏规则进行变形从而实现对敏感数据保护的过程。《数据安全管理办法（征求意见稿）》明确要求，对于个人信息的提供和保存要经过匿名化处理，而数据脱敏技术是实现数据匿名化处理的有效途径。应用静态脱敏技术可以保证数据对外发布不涉及敏感信息，同时在开发、测试环境中保证敏感数据集在本身特性不变的情况下能够正常进行挖掘分析；应用动态脱敏技术可以保证在数据服务接口实时返回数据请求的同时杜绝敏感数据泄露风险。

任务三
大数据安全保护原则及对策

一、大数据安全保护原则

目前，我国在大数据安全保护方面的政策法规尚不完善，建章立制并非朝夕之间即可完成，但基本原则的统帅和指导必不可缺。保护大数据，应该在"实现数据的保护"与"数据自由流通、合理利用"这两者之间寻求平衡。一方面，要积极制定规则，确认与数据相关的权利；另一方面，要努力构建数据平台，促进数据的自由流通和利用。大数据保护的基本原则包括数据主权原则、数据保护原则、数据自由流通原则和数据安全原则。

1. 数据主权原则

数据主权原则是大数据保护的首要原则。数据是关系到个人安全、社会安全和国家安全的大数据领域。数据主权原则指的是一个国家独立自主地对本国数据进行占有、管理、控制、利用和保护的权力。数据主权原则对内体现为一个国家对其政权管辖地域内任何数据的生成、传播、处理、分析、利用和交易等拥有最高权力，对外表现为国家有权决定以何种程序、何种方式参加到国际数据活动中，并有权采取必要措施保护数据权益免受其他国家侵害。

2. 数据保护原则

数据保护原则的主旨是确认数据为独立的法律关系客体，奠定构建数据规则的制度基础。在这一原则之下，数据的法律性质和法律地位得以明确，从而使数据成为一种独立利益而受到法律的确认和保护。具体而言，数据保护原则包含两个方面的含义：第一，数据不是人类的共同财产，数据的权属关系应该受到法律的调整，法律须确认权利人对数据的权利；第二，数据应该由法律进行保护，数据的流通过程须受到法律的保护，规范合理的数据流通不但能够确保数据的合理使用，还能够促进数据的再生和再利用。

3. 数据自由流通原则

数据自由流通原则是指法律应该确保数据作为独立的客体能够在市场上自由流通，而不对数据流通给予不必要的限制。这一原则的含义主要体现在以下两个方面：一是促进数据自由流通，数据作为一种独立的生产要素，只有充分流通起来，才能够促进社会生产力的发展；二是反对数据垄断，对于那些利用数据技术优势阻碍数据自由流通的行为，应该予以坚决抵制。为了确保数据共享的顺利实现，要积极贯彻落实数据自由流通原则，如果数据自由流通受限，使数据的获取和使用出现严重的地区差异，会影响到数据在全球范围的自由共享。因此，为实现数据共享，要坚持数据自由流通原则，加强政府对数据共享的宏观控制能力，在数据共享的发展战略上保持适度超前的政策管理，建立促进数据共享的政策法规制度，加强信息技术的共享。

4. 数据安全原则

数据安全原则是指通过法律机制来保障数据的安全，以免数据面临遗失、不法接触、毁坏、利用、变更或泄露的危险。从安全形态上讲，数据安全包括数据存储安全和数据传输安全。从内容上讲，数据安全可分为信息网络的硬件、软件的安全，数据系统的安全和数据系统中数据的安全。从主体角度看，数据安全可以分为国家数据安全、社会数据安全、企业数据安全和个人数据安全。具体而言，数据安全原则包括以下几方面含义：第一，保障数据的真实性和完整性，既要加强对静态存储的数据的安全保护，使其不被非授权访问、篡改和伪造，也要加强对数据传输过程的安全保护，使其不被中途篡改、不发生丢失和缺损等；第二，保障数据的安全使用，数据及其使用必须具有保密性，禁止任何机构和个人的非授权访问，仅为取得授权的机构和个人所获取和使用；第三，以合理的安全措施保障数据系统具有可用性，可以为确定合法授权的使用者提供服务。

知识拓展

《大数据平台安全研究报告》的发布

2019 年，我国大数据产业规模超过 8 100 亿元，同比增长 32%，依托大数据，人工智能、区块链、工业互联网等数字经济产业得到快速发展。

2021 年 1 月，中国信息通信研究院正式发布《大数据平台安全研究报告》。该报告首先以中国信息通信研究院 2020 年发起的卓信大数据平台安全专项行动中积累的安全检测数据为基础，从平台配置安全隐患和安全漏洞的分布规律、产生原因、危害影响、修复难度等维度分析了大数据平台的安全现状；其次，详细分析了形成该安全现状的问题根源，并给出相应的解决方案建议；最后，从监管、标准、技术研究等方面提出了大数据平台安全未来的工作方向。

报告指出，大数据平台为大数据提供了计算和存储的能力，使得海量的静态数据"活动"起来，并释放出自身价值。然而，一旦缺少了平台安全这个前提，数据价值的释放将受到阻碍。

基于大数据产业在发展过程中暴露出的安全问题，中国信息通信研究院提出如下几点建议：

（1）加强企业大数据平台安全防护工作的监督；

（2）强化大数据平台安全防护技术研究；

（3）推动大数据平台安全产品和服务市场发展；

（4）鼓励并促进大数据平台安全行业自律工作。

二、大数据安全保护对策

大数据时代，可以从以下几个方面加强数据安全与隐私保护。

1. 从国家法制层面进行管控

目前，国内涉及数据安全和隐私保护的法律法规有《中华人民共和国侵权责任法》《中华人民共和国刑法修正案》《互联网个人信息安全保护指南》《全国人民代表大会常务委员会关于加强网络信息保护的决定》《电信和互联网用户个人信息保护规定》，以及最新颁布的《中华人民共和国网络安全法》等。从国家法律层面来讲，为顺应大数据时代发展趋势，还需要进一步细化和完善对个人信息安全的立法，出台相应的细化标准与措施。

2. 从企业端源头进行遏制

企业是个人数据搜集、存储、使用、传播的主体，因此要从企业端进行遏制、规范。除了要遵循国家法律法规的约束之外，企业应积极采取措施加强和完善对个人数据的保护，不能过度收集个人数据，避免因个人数据的不当使用和泄露而对多方造成损失。

3. 提高个人意识

生活在大数据下的每一个人，都应该主动去学习这方面的知识，了解大数据时代下可能会存在的关于个人隐私泄露的风险，从而学会如何去保护自己的隐私数据不被泄露，同时要加强个人日常生活中的安全意识。例如，在公开网站平台填写信息时，避免用真名或拼写，非必要时不要在线填表，联系方式尽量用邮箱代替手机号码；在不必要的情况下记得关闭软件定位；不要在社交媒体随意公开自己及家人隐私信息，以及不点击浏览不知名的网站、不随意下载来历不明的应用软件；等等。这些个人信息的防范措施，相信可以让信息最大限度地得到有效的保护。

2020年6月25日，由人民网·人民数据（国家大数据灾备中心）和中国经济体制改革研究会互联网与新经济专业委员会合作撰写的《大数据风控与权益保护研究报告》在北京发布。本次总结报告写道："互联网、大数据、人工智能具有改变世界的巨大能量，如果这种能量脱离人类文明的规范，也会带来巨大的伤害。"我们需要警惕在社会治理中对大数据的过度攫取和应用，也需要制止商家用大数据"杀熟"等不当竞争行为。2020年，中央重视"新基建"，产业互联网建设提速。如果说消费互联网时代，大数据安全侧重保护消费者个人权益，那么产业互联网时代涉及能源、交通、金融等社会经济的命脉，一旦数据安全有任何闪失，可能对全社会是一场巨大的灾难。因此，此时此刻研究大数据应用的法律边界和利益相关方的权益保护，具有特别重要的意义和紧迫性。

项目小结

      人类进入大数据时代，数据安全问题开始引起广泛关注。大数据安全问题不仅关系到公民的个人隐私，更关系到社会安全甚至国家安全。大数据时代，数据量更大，安全风险更多，一旦发生安全问题，带来的后果更加严重。本项目从大数据安全的重要性切入，讲述了大数据安全问题分类、大数据安全的新特征及大数据安全技术等大数据安全的基本知识。在大数据安全保护方面，本项目给出了四大基本原则，包括数据主权原则、数据保护原则、数据自由流通原则和数据安全原则，并给出了大数据保护对策。

实训练习

 应知考核

一、单项选择题

1. 从主体角度看，数据安全可以分为（　　　　）、社会数据安全、企业数据安全和个人数据安全。

  A. 数据存储安全　　　　B. 社会数据安全　　　　C. 国家数据安全　　　　D. 硬件安全

2. 下列不属于个人信息安全问题的是（　　　　）。

  A. 个人信用　　　　B. 个人健康　　　　C. 位置信息　　　　D. 军事数据

3. 下列不属于国家信息安全问题的是（　　　　）。

  A. 个人身份　　　　B. 国防建设数据　　　　C. 军事数据　　　　D. 外交数据

4. 平台管理安全包括平台组件的安全配置、资源安全调度和（　　　　）等内容。

  A. 传输交换　　　　B. 存储安全　　　　C. 补丁管理　　　　D. 管理安全

5. （　　　　）作为最底层、最基础的组件为其上运行的数据和应用提供安全机制的保障。

  A. 数据平台安全　　　　B. 存储安全　　　　C. 补丁管理安全　　　　D. 管理安全

6. （　　　　）是指利用去标识化、匿名化、密文计算等技术保障个人数据在平台上处理、流转的过程中不泄露个人隐私或个人秘密。

  A. 数据分类　　　　B. 隐私保护　　　　C. 数据质量管理　　　　D. 元数据管理

7. （　　）是用某种特殊的算法改变原有的信息数据使其不可读或无意义，使未授权用户获得加密后的信息，因不知解密的方法而仍无法了解信息的内容。

A. 数据加密技术　　　B. 身份认证技术　　　C. 访问控制技术　　　D. 安全审计技术

8. （　　）是指防止对任何资源进行未授权的访问，从而使计算机系统在合法的范围内使用。

A. 数据加密技术　　　B. 身份认证技术　　　C. 访问控制技术　　　D. 安全审计技术

9. （　　）是指对敏感数据通过脱敏规则进行变形从而实现对敏感数据保护的过程。

A. 数据加密技术　　　B. 恢复与销毁技术　　C. 访问控制技术　　　D. 数据脱敏技术

10. （　　）是大数据保护的首要原则。

A. 数据保护原则　　　　　　　　　　B. 数据主权原则

C. 数据自由流通原则　　　　　　　　D. 数据安全原则

二、多项选择题

1. 下列情况属于个人信息安全问题的有（　　　）。

A. 个人信息　　　　B. 个人信用　　　　C. 位置信息　　　　D. 电子邮件

2. 中国信息通信研究院将大数据安全技术体系分为以下（　　　）3 个层次。

A. 大数据安全平台　B. 数据管理安全　　C. 隐私保护安全　　D. 财产保护安全

3. 大数据平台安全主要包括（　　　）。

A. 基础设施安全　　B. 传输交换安全　　C. 存储安全　　　　D. 平台管理安全

4. （　　）是大数据平台安全运行的基础。

A. 物理安全　　　　B. 网络安全　　　　C. 虚拟化安全　　　D. 计算安全

5. 数据管理安全包括（　　　）。

A. 数据分类、分级　B. 元数据管理　　　C. 数据质量管理　　D. 数据加密

6. 隐私保护是指利用（　　　）等技术保障个人数据在平台上处理、流转的过程中不泄露个人隐私或个人秘密。

A. 去标识化　　　　B. 虚拟化处理　　　C. 匿名化　　　　　D. 密文计算

7. 下列属于身份认证技术的有（　　　）。

A. 使用口令　　　　B. 使用指纹　　　　C. 使用智能卡　　　D. 使用笔记

8. 按照审计对象的不同，安全审计分为（　　　）。

A. 系统级审计　　　B. 应用级审计　　　C. 用户级审计　　　D. 物理访问审计

9. 大数据安全保护的基本原则包括（　　　）。

A. 数据主权原则　　　　　　　　　　B. 数据保护原则

C. 数据自由流通原则　　　　　　　　D. 数据安全原则

10. 从安全形态上讲，数据安全包括（　　　）。

A. 数据存储安全　　B. 社会数据安全　　C. 数据传输安全　　D. 企业数据安全

三、判断题

1. 在大数据时代，数据流动与否不影响数据的价值。（　　　）

2. 对个人而言，在享受大数据带来的便利的同时也应重视大数据的隐私保护。（　　）

3. 大数据将成为国家之间博弈的新战场。（　　）

4. 大数据作为一种新型技术手段，不需要与工业、制造业等产业进行结合，就能产生出巨大的效能。（　　）

5. 存储安全是指对平台中的数据设置备份与恢复机制，采用数据访问控制机制来防止数据的越权访问。（　　）

6. 大数据安全中隐私保护仅指保护个人隐私权，不包括在收集和使用个人信息时保障数据主体的信息自决权。（　　）

7. 数据加密是用某种特殊的算法改变原有的信息数据使其不可读或无意义，使未授权用户获得加密后的信息，因不知解密的方法而仍无法了解信息的内容。（　　）

8. 在大数据环境下，不需要对数据资产安全分类、分级。（　　）

9. 加密建立在对信息进行数学编码和解码的基础上，是保障数据机密性最常用也是最有效的一种方法。（　　）

10. 数据脱敏技术是指对敏感数据通过脱敏规则进行变形从而实现对敏感数据进行保护的过程。（　　）

11. 数据主权原则是大数据安全保护的首要原则。（　　）

12. 大数据安全保护对策应该只从国家法制层面进行管控。（　　）

应会考核

1. 阐述大数据安全保护的基本原则。

2. 阐述大数据在当下具备的新特征。

项目七

大数据与新一代信息技术的融合应用

知识目标

- 理解云计算的概念及应用
- 了解物联网的概念及应用，了解物联网产业
- 熟悉人工智能的概念及应用
- 了解大数据安全保护原则及对策，熟悉人工智能产业
- 了解人工智能与大数据的关系
- 熟悉数字货币的概念及发展历程，了解数字货币存在的问题
- 熟悉区块链的概念、起源，了解数字区块链的技术应用及核心原理

能力目标

- 掌握云计算的类型及特征
- 掌握物联网的四层体系结构、功能，以及物联网的特征及关键技术
- 掌握人工智能的分类、关键技术
- 掌握数字货币的特征、类型
- 掌握区块链的特征

素质目标

通过本项目的学习，学生具备迅速适应大数据下新一代信息技术的创新能力。

任务一
云计算

一、云计算的概念

云计算是分布式计算技术的一种，它的原理是通过网络"云"，将所运行的巨大的数据计算处理程序分解成无数个小程序，再交由计算资源共享池进行搜寻、计算及分析后，将处理结果回传给用户。

云连接着网络的另一端，为用户提供了可以按需获取的弹性资源和架构。用户按需付费，从云上获得需要的计算资源，包括存储、数据库、服务器、应用软件及网络等，大大降低了使用成本。

二、云计算的类型

并非所有云计算都是相同的，也并非一种云计算适合所有人。不同型号、类型和服务的云计算可以帮助提供满足需求的解决方案。

（1）从部署云计算方式的角度出发，云计算可以分为3类。

公有云：公有云通常指第三方提供商提供给用户进行使用的云，公有云一般可通过互联网使用。阿里云、华为云、腾讯云和百度云等是公有云的应用示例，借助公有云，所有硬件、软件及其他支持基础架构均由云提供商拥有和管理。

私有云：私有云是为一个客户单独使用而构建的云，所有的计算资源，只面向一个组织开放。这种方式资源独占，安全性更高，因而提供对数据、安全性和服务质量的最有效的控制。使用私有云的公司拥有基础设施，并可以控制在此基础设施上部署应用程序的方式。

混合云：混合云是公有云和私有云这两种部署方式的结合。由于安全和控制原因，企业中并非所有的信息都能放置在公有云上。因此，大部分已经应用云计算的企业将会使用混合云模式。例如，平时业务不多时，使用私有云资源，当到了业务高峰期时，临时租用公有云资源。这是一种节省成本和保证安全的折中方案。

（2）从所提供服务类型的角度出发，云计算可以分为 3 类。

基础设施即服务（IaaS）：是最底层的硬件资源，主要包括 CPU（计算资源）、硬盘（存储资源）、网卡（网络资源）等，为企业提供计算资源。优点：无须投资自己的硬件，对基础架构进行按需扩展以支持动态工作负载，可根据需要提供灵活、创新的服务。

平台即服务（PaaS）：比基础设施即服务要高级一些，当人们不打算直接使用 CPU、硬盘、网卡，希望有人把操作系统（如 Windows、Linux）装好，把数据库软件装好，再来使用。优点：开发应用程序使其更快地进入市场，在几分钟内将新 Web 应用程序部署到云中，通过中间件即服务降低复杂性。

软件即服务（SaaS）：比平台即服务更高级一些，不但装好了操作系统这些基本的软件，还把具体的应用软件装好了，如 FTP 服务端软件、在线视频服务端软件等，由此人们可以直接使用服务。优点：可以方便、快捷地使用创新的商业应用程序，可以从任何连接其中的计算机上访问应用程序和数据，如果计算机被损坏，数据也不会丢失，因为数据储存在云中。

三、云计算的特征

1. 可扩展性

云计算中，物理或虚拟资源能够快速地水平扩展，具有强大的弹性，通过自动化供应，可以达到快速增减资源的目的。云服务客户可以通过网络，随时随地获得无限多的物理或虚拟资源。

使用云计算的客户不用担心资源量和容量规划，如果需要，客户可以方便、快捷地获取新的、服务协议范围内的无限资源。资源的划分、供给仅受制于服务协议，不需要通过扩大存储量或增加带宽来维持。这样就降低了获取计算资源的成本。

2. 超大规模

云计算中心具有相当的规模，很多提供云计算的公司的服务器数量达到了几十万、几百万的级别。而使用私有云的企业一般拥有成百上千台服务器。云能整合这些数量庞大的计算机集群，为用户提供前所未有的存储能力和计算能力。

3. 虚拟化

当用户通过各种终端提出应用服务的获取请求时，该应用服务在云的某处运行，用户不需要知道具体运行的位置以及参与的服务器的数量，只需要获取需求的结果就可以了。这有效地减少了云服务用户和提供者之间的交互，简化了应用的使用过程，降低了用户的时间成本和使用成本。

云计算通过抽象处理过程，对用户屏蔽了处理复杂性。对用户来说，他们仅知道服务在正常工作，并不知道资源是如何使用的。资源池化将维护等原本属于用户的工作，移交给了提供者。

4. 按需服务

不需要额外的人工交互或者全硬件的投入，用户就可以随时随地获得需要的服务。用户按需获取服务，并且仅为使用的服务付费。云计算的计算资源，可以按需付费。用户想要用多少，就租多少，配置是支持自定义的。如果用户后期因为业务增长，需要更好的配置，可以加钱，买更多的资源。

增加资源的过程，基本上是平滑升级，尽可能减小对业务的影响，也不需要进行业务迁移。就像你现在用的电脑，硬盘从 1 TB 升级到 2 TB，下个订单就完成了，不需要换机，甚至不需要重启。

这种虚拟化软件调度中心可以提高效率并避免浪费，类似人们在家里吃饭，想吃各式各样的饭菜，就需要买各种餐具以及食材，这样会造成餐具的空闲和饭菜的浪费，而云计算就像是吃自助餐，无须自己准备食材和餐具，需要多少取多少，想吃什么取什么，按需服务，按需收费。

云计算服务通过可计量的服务交付来监控用户服务使用情况并计费。云计算为用户带来的主要价值是将用户从低效率和低资产利用率的业务模式中抽离出来，进入高效模式。

5. 高可靠性

首先，云计算的海量资源可以便捷地提供冗余；其次，构建云计算的基本技术之一虚拟化，可以将资源和硬件分离，当硬件发生故障时，可以轻易地将资源迁移、恢复。

而在软硬件层面，采用数据多副本容错、计算机节点同构等方式，在设施、能源制冷和网络连接等方面采用冗余设计。同时，为了消除各种突发情况，诸如电力故障、自然灾害等对计算机系统的损害，需要在不同地理位置建设公有云数据中心，从而消除一些可能的单点故障。

云计算系统所使用的成熟的部署、监控和安全等技术，进一步确保了服务的可靠性。

6. 网络接入广泛

云计算使用者可以通过各种客户端设备，如手机、平板电脑、笔记本电脑等，在任何网络覆盖的地方，方便地访问云计算服务方提供的物理资源以及虚拟资源。

四、云计算的应用

云计算是当前最火爆的三大技术领域之一，其产业规模增长迅速，应用领域也在不断扩展，从政府应用到民生应用，从金融、交通、医疗、教育领域到创新制造等，全行业延伸拓展。以下是云计算的 4 个比较典型的应用场景。

1. 云存储技术

云存储是云计算技术的一个延伸和应用，它是一个远程平台，通过存储虚拟化、分布式文件系统、底层对象化等技术，利用应用软件将网络中的海量存储设备集合起来，协同工作，共同构成一个向外提供可扩展存储资源的系统。对于用户来说，云存储并不是一种设备，而是一种由海量服务器和存储设备提供的数据服务。

　　通过各种网络接口，用户可以访问云存储服务并使用其中的存储、备份、访问、归档、检索等功能，大大方便了用户对数据资源进行管理。同时，用户仅需按其使用的存储量付费，无须进行存储设备的检测和维护。

　　云存储环境的可用性强、速度快、可扩展性强。云存储可以解决本地存储管理缺失问题，降低数据丢失率，提供高效便捷的数据存储和管理服务。

　　2. 开发测试云

　　开发测试云可以解决开发中的一些问题，通过构建一个个异构的开发测试环境，利用云计算的强大算力进行应用的压力测试，适合于对开发和测试需求多的企业和机构。通过友好的网页界面，开发测试云可以解决开发测试过程中的各种难题。

　　3. 大规模数据处理云

　　大规模数据处理云通过在云计算平台上运行数据处理软件和服务，充分利用云计算的数据存储能力和处理能力，处理海量数据。它可以帮助企业通过数据分析迅速发现商机，从而针对市场做出迅捷、准确的决策。

　　4. 杀毒云

　　杀毒云是安置了强大的杀毒软件的云，通过云中存储的庞大病毒特征库并利用云强大的数据处理能力，分析一个数据是否含有病毒。如果在数据中发现疑似病毒，就将有嫌疑的数据上传至云进行检测并处理。杀毒云可以准确、迅速地发现病毒，捍卫用户计算机的安全。

任务二
物联网

一、物联网的概念

物联网，顾名思义，就是一个将所有物体连接起来而形成的物物相连的互联网络。物联网作为新技术，其定义千差万别。目前，一个被大家普遍接受的定义为：物联网是通过使用射频识别阅读器、传感器、红外感应器、全球定位系统、激光扫描器等信息采集设备或系统，按约定的协议把任何物品与互联网连接起来，进行通信和信息交换，以实现智能化识别、定位、跟踪、监控和管理的一种网络或系统。

物联网是物物相连的互联网，是互联网的延伸，它利用局部网络或互联网等通信技术将传感器、控制器、机器、人员和物等通过新的方式连在一起，形成人与物、物与物相连，实现信息化和远程管理控制。在物联网中，一个牙刷、一条轮胎、一座房屋甚至是一张纸巾都可以作为网络的终端，即世界上的任何物品都能连入网络。物与物之间的信息交互不再需要人工干预，物与物之间可实现无缝、自主、智能的交互。换句话说，物联网是以互联网为基础，主要解决人与人、人与物、物与物的互连和通信问题。

从技术架构上来看，物联网可分为4层体系结构，即感知控制层、数据传输层、数据处理层和应用决策层，如图 7-1 所示。

（1）感知控制层。感知控制层是物联网发展和应用的基础，包括条形码识别器、各种类型的传感器（如温湿度传感器、视频传感器、红外探测器等）、智能硬件（如电表、空调等）和网关等。各种传感器通过感知目标环境的相关信息，自行组网以将信息传递到网关接入点，网关再将收集到的数据通过数据传输层提交到数据处理层进行处理。数据处理的结果可以反馈到感知控制层，作为实施动态控制的依据。

（2）数据传输层。数据传输层负责接收感知控制层传来的数据，并将其传输到数据处理层，随后将数据处理结果再反馈回感知控制层。数据传输层包括各种网络与设备，如短距离无线网络、移动通信网络、互联网等，并可实现不同类型网络间的融合，以及物联网感知与控制数据的高效、安全和可靠传输。此外，数据传输层还提供路由、格式转换、地址转换等功能。

图 7 - 1 物联网体系结构图

（3）数据处理层。数据处理层可进行物联网资源的初始化，监测资源的在线运行状况，协调多个物联网资源（如计算资源、通信设备和感知设备等）之间的工作，实现跨域资源间的交互、共享与调度，实现感知数据的语义理解、推理、决策以及数据的查询、存储、分析与挖掘等。数据处理层利用云计算（Cloud Computing）、大数据（Big Data）和人工智能（Artificial Intelligence，AI）等技术，实现感知数据的高效存储与深度分析。

（4）应用决策层。应用决策层利用经过分析处理的感知数据，为用户提供多种不同类型的服务，如检索、计算和推理等。物联网的应用可分为监控型（物流监控、污染监控）、控制型（智能交通、智能家居）、扫描型（手机钱包、高速公路不停车收费）等。应用决策层可针对不同类别的应用，制定与之相适应的服务内容。

每层的具体功能见表 7 - 1。

表 7-1　物联网体系结构功能表

层次	功能
感知控制层	如果把物联网系统比喻为一个人体，那么，感知控制层就好比人体的神经末梢，用来感知物理世界，采集来自物理世界的各种信息。这个层包含了大量的传感器，如温度传感器、湿度传感器、压力传感器、加速度传感器、重力传感器、气体浓度传感器、二维码标签、RFID标签和读写器、摄像头、GPS设备等。
数据传输层	相当于人体的神经中枢，起到信息传输的作用。网络层包含各种类型的网络，如互联网、移动通信网络、卫星通信网络等。
数据处理层	相当于人体的大脑，起到存储和处理的作用，包括数据存储、管理和分析平台。
应用决策层	直接面向用户，满足各种应用需求，如智能交通、智慧农业、智慧医疗、智能工业等。

　　这里给出一个简单的智能公交实例来加深对物联网的概念理解。目前，很多城市居民的智能手机中都安装了"掌上公交"App，可以用手机随时随地查询每辆公交车的当前位置信息，这就是一种非常典型的物联网应用。在智能公交应用中，每辆公交车都安装了GPS定位系统和4G/5G网络传输模块，在车辆行驶过程中，GPS定位系统会实时采集公交车当前位置信息，并通过车上的4G/5G网络传输模块发送给车辆附近的移动通信基站，经由电信运营商的4G/5G移动通信网络传送到智能公交指挥调度中心的数据处理平台，平台再把公交车位置数据发送给智能手机用户，用户的"掌上公交"软件就会显示出公交车的当前位置信息。这个应用实现了"物与物的相连"，即把公交车和手机这两个物体连接在一起，让手机可以实时获得公交车的位置信息，进一步讲，实际上也实现了"物与人的连接"，让手机用户可以实时获得公交车的位置信息。在这个应用中，安装在公交车上的GPS定位设备就属于物联网的感知控制层，安装在公交车上的4G/5G网络传输模块以及电信运营商的4G/5G移动通信网络属于物联网的数据传输层，智能公交指挥调度中心的数据处理平台属于物联网的数据处理层，智能手机上安装的"掌上公交"App属于物联网的应用决策层。

二、物联网的特征

　　从物联网的定义和体系结构可以看出，物联网的核心功能包括信息（数据）的感知、传输和处理。因此，为了保证能高效工作，物联网应具备3个特征：全面感知、可靠传递、智能处理。

1. 全面感知

　　"感知"是物联网的核心。物联网是由具有全面感知能力的物品和人组成的。为了使物品具有感知能力，需要在物品上安装不同类型的识别装置，如电子标签、条形码、二维码等，与此同时，可以通过温湿度传感器、红外感应器、摄像头等识别设备感知其物理属性和个性化特征。利用这些装置或设备，人们可以随时随地获取物品信息，实现全面感知。

2. 可靠传递

数据传递的稳定性和可靠性是保证物物相连的关键。由于物联网是一个异构网络，不同实体间的协议格式可能存在差异，因此需要通过相应的软、硬件进行协议格式转换，保证物品之间信息的实时、准确传递。为了实现物与物之间的信息交互，将不同传感器的数据进行统一处理，我们必须开发出支持多协议格式转换的通信网关。通过通信网关，各种传感器的通信协议被转换成预先约定的统一的通信协议。

3. 智能处理

物联网的目的是实现对各种物品和人进行智能化识别、定位、跟踪、监控和管理等功能。这就需要智能信息处理平台的支撑，通过云计算、人工智能等智能计算技术，对海量数据进行存储、分析和处理，针对不同的应用需求，对物品和人实施智能化的控制。

由此可见，物联网融合了各种信息技术，突破了互联网的限制，将物体接入信息网络，实现了"物物相联的互连网"。物联网支撑信息网络向全面感知和智能应用两个方向拓展、延伸和突破，从而影响着国民经济和社会生活的方方面面。

三、物联网的关键技术

物联网是物与物相连的网络，通过为物体加装二维码、RFID 标签、传感器等，就可以实现物体身份唯一标识和各种信息的采集，再结合各种类型网络连接，就可以实现人和物、物和物之间的信息交换。因此，物联网中的关键技术包括射频识别技术、传感器技术、无线网络技术、数据挖掘与融合技术等，它们被列为物联网的关键技术。

1. 射频识别技术

射频识别技术（Radio Frequency Identification，RFID）是一种简单的无线系统。谈到物联网，就不得不提到射频识别技术。它是由一个询问器（或阅读器）和很多应答器（或标签）组成，实现让物品能够"开口说话"的功能，这就赋予了物联网一个可跟踪性的特性，人们可以随时掌握物品的准确位置及其周边环境。RFID 技术在生产和生活中得到了广泛的应用，大大推动了物联网的发展。常见的公交卡、门禁卡、校园卡等都嵌入了 RFID 芯片，可以实现迅速、便捷的数据交换。从结构上讲，RFID 是一种简单的无线通信系统，由 RFID 标签和 RFID 读写器两个部分组成。RFID 标签是由天线、耦合元件、芯片组成的，是一个能够传输信息、回复信息的电子模块；RFID 读写器是由天线、耦合元件、芯片组成的，用来读取（或者有时也可以写入）RFID 标签中的信息。RFID 使用 RFID 读写器及可附着于目标物的 RFID 标签，利用频率信号将信息由 RFID 标签传送至 RFID 读写器。以公交卡为例，市民持有的公交卡就是一个 RFID 标签，公交车上安装的刷卡设备就是 RFID 读写器，当我们执行刷卡动作时，就完成了一次 RFID 标签和 RFID 读写器之间的非接触式通信和数据交换。

2. 传感器技术

在物联网中，传感器主要负责接收物品"讲话"的内容。传感器定义为将物理、化学、生物等信息变化按照某些规律转换成电参量（电压、电流、频率、相位、电阻、电容、电感等）变化的一种器件或装置。

传感器技术是从自然信源获取信息并对获取的信息进行处理、变换、识别的一门多学科交叉的现代科学与工程技术，它涉及传感器、信息处理和识别的规划设计、开发、制造、测试、应用及评价改进活动等内容。

3. 无线网络技术

物联网中物品要与人无障碍地交流，必然离不开高速、可进行大批量数据传输的无线网络。无线网络技术主要分为两类：一类是 Zigbee、Wi-Fi、蓝牙、Z-wave 等短距离通信技术，另一类是 LPWAN（Low-Power Wide-Area Network，低功耗广域网），即广域网通信技术。

4. 数据挖掘与融合技术

物联网中存在大量数据来源、各种异构网络和不同类型的系统，大量不同类型的数据如何实现有效整合、处理和挖掘，是物联网处理层需要解决的关键技术问题。云计算和大数据技术的出现，为物联网存储、处理和分析数据提供了强大的技术支撑，海量物联网数据可以借助庞大的云计算基础设施实现廉价存储，利用大数据技术实现快速处理和分析，满足各种实际应用需求。

四、物联网的应用

物联网已经广泛应用于智能交通、智能医疗、智能家居、环保监测、智能安防、智慧物流、智慧农业、智能制造等领域，对国民经济与社会发展起到了重要的推动作用，具体如下。

1. 智能交通

智能交通是物联网的一种重要体现形式，利用信息技术将人、车和路紧密地结合起来，改善交通运输环境、保障交通安全以及提高资源利用率。

物联网技术具体的应用领域包括智能公交车、共享单车、车联网、充电桩监测、智能红绿灯以及智慧停车等。其中，车联网是近些年来各大厂商及互联网企业争相进入的领域。

2. 智能医疗

在智能医疗领域，新技术的应用必须以人为中心。而物联网技术是数据获取的主要途径，能有效地帮助医院实现对人的智能化管理和对物的智能化管理。对人的智能化管理指的是通过传感器对人的生理状态（如心跳频率、体力消耗、血压高低等）进行监测，主要指的是医疗可穿戴设备，将获取的数据记录到电子健康文件中，方便个人或医生查阅。

除此之外，通过 RFID 技术还能对医疗设备、物品进行监控与管理，实现医疗设备、用品可视化，主要表现为数字化医院。

3. 智能家居

利用物联网技术提升家居安全性、便利性、舒适性、艺术性，并实现环保节能的居住环境。比如，可以在工作单位通过智能手机远程开启家里的电饭煲、空调、门锁、监控、窗帘和电灯等，家里的窗帘和电灯也可以根据时间和光线变化自动开启和关闭。

4. 环保监测

可以在重点区域放置监控摄像头或水质土壤成分检测仪器，相关数据可以实时传输到监控中心，出现问题时实时发出警报。

5. 智能安防

智能安防最核心的部分在于智能安防系统，该系统是对拍摄的图像进行传输与存储，并对其进行分析与处理。一个完整的智能安防系统主要包括三大部分，即门禁、报警和监控，行业中主要以视频监控为主。

6. 智慧物流

智慧物流指的是以物联网、大数据、人工智能等信息技术为支撑，在物流的运输、仓储、配送等各个环节实现系统感知、全面分析及处理等功能。

当前，智慧物流应用于物联网领域主要体现在三个方面，即仓储、运输监测和快递终端，通过物联网技术实现对货物的监测以及运输车辆的监测，包括货物车辆位置、状态以及货物温湿度、油耗及车速等。物联网技术的使用能提高运输效率，提升整个物流行业的智能化水平。

7. 智慧农业

智慧农业指的是利用物联网、人工智能、大数据等现代信息技术与农业进行深度融合，实现农业生产全过程的信息感知、精准管理和智能控制的一种全新的农业生产方式，可实现农业可视化诊断、远程控制以及灾害预警等功能。物联网应用于农业主要体现在两个方面：农业种植和畜牧养殖。

农业种植通过传感器、摄像头和卫星等收集数据，实现农作物数字化和机械装备数字化（主要指的是农机车联网）发展，对其进行精准管理。利用温度传感器、湿度传感器和光线传感器，实时获得种植大棚内的农作物生长环境信息，远程控制大棚遮光板、通风口、喷水口的开启和关闭，让农作物始终处于最优生长环境，提高农作物的产量和品质。

畜牧养殖：智慧畜牧养殖系统采用条码标签（条形码、二维码）和RFID电子标签等识别技术、智能移动终端技术、大型数据库和Web技术以及Android应用开发技术等诸多相关移动互联网技术和物联网技术，充分利用现代信息化技术管理和服务于现代畜牧业。智慧畜牧养殖系统从农业养殖、收购、加工、运输、销售等各个环节的标识、识别、追踪和查询，到仓库、资产和企业信息等相关管理，实现了畜牧业重点核心业务的全面信息化、业务管理信息化、管理信息资源化和信息服务规范化，为畜牧企业提供了重要的信息化支撑和服务，使得企业的信息化水平跟得上企业的迅速发展。智慧畜牧养殖生产管理系统以物联网关键技术应用为基础，利用条码技术和RFID技术对动物和物品进行标识，利用集成相关识别器的移动智能终端通过Android应用进行生产管理，并通过移动终端将数据发送到后台系统，以此达到生产移动办公化。

智慧畜牧养殖系统的主要流程如图7-2所示。

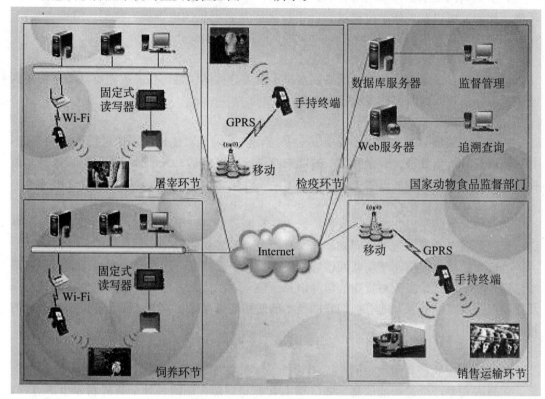

图7-2 智慧畜牧养殖系统的主要流程

8. 智能制造

智能制造细分概念范围很广，涉及很多行业。制造领域的市场体量巨大，是物联网的一个重要应用领域，主要体现在数字化以及智能化的工厂改造上，包括工厂机械设备监控和工厂的环境监控。

通过在设备上加装相应的传感器，设备厂商可以远程随时随地对设备进行监控、升级和维护等操作，更好地了解产品的使用状况，完成产品全生命周期的信息收集，指导产品设计和售后服务，而对厂房的环境主要是采集温湿度、烟感等信息。

五、物联网产业

完整的物联网产业链主要包括核心感应器件提供商、感知层末端设备提供商、网络提供商、软件与行业解决方案提供商、系统集成商、运营及服务提供商等环节。

（1）核心感应器件提供商：提供二维码、RFID及读写机具、传感器、智能仪器仪表等物联网核心感应器件。

（2）感知层末端设备提供商：提供射频识别设备、传感系统及设备、智能控制系统及设备、GPS设备、末端网络产品等。

（3）网络提供商：包括电信网络运营商、广电网络运营商、互联网运营商、卫星网络运营商和其他网络运营商等。

（4）软件与行业解决方案提供商：提供微操作系统、中间件、解决方案等。

（5）系统集成商：提供行业应用集成服务。

（6）运营及服务提供商：开展行业物联网运营及服务。

六、大数据、云计算和物联网的联系

大数据、云计算和物联网代表了 IT 领域最新的技术发展趋势，三者既有区别又有联系。云计算最初主要包含两类含义：一类是以谷歌的 GFS 和 MapReduce 为代表的大规模分布式并行计算技术，另一类是以亚马逊的虚拟机和对象存储为代表的"按需租用"的商业模式。但是，随着大数据概念的提出，云计算中的分布式计算技术开始更多地被列入大数据技术，而人们提到云计算时，更多指的是底层基础 IT 资源的整合优化以及以服务的方式提供 IT 资源的商业模式（如 IaaS、PaaS、SaaS）。从云计算和大数据概念的诞生到现在，二者之间的关系非常微妙，既密不可分，又千差万别。因此，不能把云计算和大数据割裂开来作为截然不同的两类技术来看待。此外，物联网也是和云计算、大数据相伴相生的技术。下面总结一下三者的联系与区别。

第一，大数据、云计算和物联网的区别。大数据侧重于对海量数据的存储、处理与分析，从海量数据中发现价值，服务于生产和生活；云计算本质上旨在整合和优化各种 IT 资源并通过网络以服务的方式，廉价地提供给用户；物联网的发展目标是实现物物相连，应用创新是物联网发展的核心。

第二，大数据、云计算和物联网的联系。从整体上看，大数据、云计算和物联网这三者是相辅相成的。大数据根植于云计算，大数据分析的很多技术都来自云计算，云计算的分布式数据存储和管理系统（包括分布式文件系统和分布式数据库系统）提供了海量数据的存储和管理能力，分布式并行处理框架 MapReduce 提供了海量数据分析能力，没有这些云计算技术作为支撑，大数据分析就无从谈起。反之，大数据为云计算提供了"用武之地"，没有大数据这个"练兵场"，云计算技术再先进，也不能发挥它的应用价值。物联网的传感器源源不断产生的大量数据，构成了大数据的重要数据来源，没有物联网的飞速发展，就不会带来数据产生方式的变革，即由人工产生阶段转向自动产生阶段，大数据时代也不会这么快就到来。同时，物联网需要借助于云计算和大数据技术，实现物联网大数据的存储、分析和处理。

可以说，云计算、大数据和物联网三者已经彼此渗透、相互融合，在很多应用场合都可以同时看到三者的身影。在未来，三者会继续相互促进、相互影响，更好地服务于社会生产和生活的各个领域。

任务三
人工智能

在计算机科学领域，人工智能是一种机器表现的行为，如图 7-3 所示，这种行为能以与人类智能相似的方式对环境做出反应并尽可能提高自己达成目的的概率。今天，人工智能技术已经进入我们的生活当中，无论是吃饭、睡觉，还是使用电脑、手机，全都是人工智能在支撑，我们的一切都已经融入人工智能当中，我们的日常生活已经离不开人工智能。

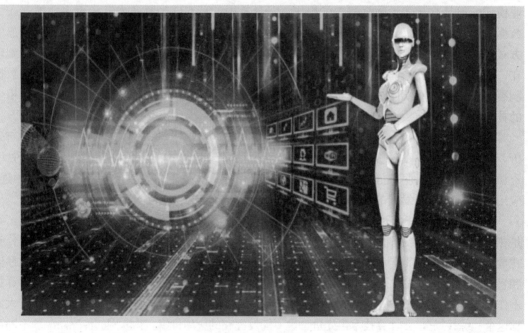

图 7-3　人工智能

一、人工智能的概念

人工智能（Artificial Intelligence，AI）亦称智械、机器智能，指由人制造出来的机器所表现出来的智能。通常人工智能是指通过普通计算机程序来呈现人类智能的技术。

人工智能是计算机科学的一个分支，它试图了解该智能的实质并产生出一种新的能以与人类智能相类似的方式做出反应的智能机器。该领域的研究包括机器人、语言识别、图像识别、人类智能、自然语言处理和专家系统等。人工智能从诞生以来，理论和技术日益成熟，应用领域也不断扩大。可以设想，未来人工智能带来的科技产品，将会是人类智慧的"容器"。人工智能不是人的智能，但能像人那样思考，也可能超过人的智能。

人工智能是一门极富挑战性的学科，属于自然科学和社会科学的交叉学科，涉及哲学和认知科学、数学、神经生理学、心理学、计算机科学、信息论、控制论、不定性论等。从事这项工作的人，必须懂得计算机知识、心理学和哲学等。总的说来，人工智能研究的一个主要目标是使机器能够胜任一些通常需要人类智能才能完成的复杂工作。

二、人工智能的分类

人工智能大体上可以分为 3 类：弱人工智能、强人工智能和超人工智能。

（1）弱人工智能（Weak AI），也被称为狭隘人工智能（Narrow AI）或应用人工智能（Applied AI），指的是只能完成某一项特定任务或者解决某一特定问题的人工智能。苹果公司的 Siri 就是一个典型的弱人工智能，它只能执行有限的预设功能。同时，Siri 目前还不具备智力或自我意识，它只是一个相对复杂的弱人工智能体。

（2）强人工智能（Strong AI），又被称为通用人工智能（Artificial General Intelligence）或全人工智能，指的是可以像人一样胜任任何智力性任务的智能机器。这样的人工智能是一部分人工智能领域研究的最终目标，并且也作为一个经久不衰的话题出现在许多科幻作品中。对于强人工智能所需要拥有的智力水平并没有准确的定义，但人工智能研究人员认为强人工智能需要具备以下几点：思考能力，运用策略去解决问题，并且可以在不确定情况下做出判断；展现出一定的知识量；计划能力；学习能力；交流能力；利用自身所有能力达成目的的能力。

（3）超人工智能（Super Artificial Intelligence，SAI）。哲学家、牛津大学人类未来研究院院长尼克·波斯特洛姆（Nick Bostrom）把超级智能定义为"在几乎所有领域都大大超过人类认知表现的任何智力"。超人工智能正是超级智能的一种，能实现与人类智能等同的功能，即可以像人类智能实现生物上的进化一样，对自身进行重编程和改进，这也就是"递归自我改进功能"。

三、人工智能的关键技术

人工智能包括机器学习、知识图谱、自然语言处理、人机交互、计算机视觉、生物特征识别、VR/AR 等 7 个关键技术。

1. 机器学习

机器学习（Machine Learning）是一门涉及统计学、系统辨识、逼近理论、神经网络、优化理论、计算机科学、脑科学等诸多领域的交叉学科，研究计算机怎样模拟或实现人类的学习行为，以获取新的知识或技能。重新组织已有的知识结构使之不断改善自身的性能，是人工智能技术的核心。基于数据的机器学习是现代智能技术中的重要方法之一，研究从观测数据（样本）出发寻找规律，利用这些规律对未来数据或无法观测的数据进行预测。

机器学习强调三个关键词：算法、经验、性能。在数据的基础上，通过算法构建出模型并对模型进行评估。评估的性能如果达到要求，就用该模型来测试其他数据；如果达不到要求，就要调整算法来重新建立模型，再次进行评估。如此循环往复，最终获得满意的模型来处理其他数据。机器学习技术和方法已经被成功应用到多个领域，如个性推荐系统、金融反欺诈、语音识别、自然语言处理和机器翻译、模式识别、智能控制等。

2. 知识图谱

知识图谱（Knowledge Graph）又称为科学知识图谱，在图书情报界称为知识域可视化或知识领域映射地图，是显示知识发展进程与结构关系的一系列不同的图形，用可视化技术描述知识资源及其载体，挖掘、分析、构建、绘制和显示知识及它们之间的相互联系。

现实世界中，很多场景非常适合用知识图谱来表达。比如，一个社交网络图谱里，既可以有"人"的实体，也可以包含"公司"实体。人和人之间的关系可以是"朋友"，也可以是"同事"关系。人和公司之间的关系可以是"现任职"或者"曾任职"的关系。类似地，一个风控知识图谱可以包含"电话""公司"的实体，电话和电话之间的关系可以是"通话"关系，而且每个公司也会有固定的电话。

知识图谱可用于反欺诈、不一致性验证、组团欺诈等公共安全保障领域，需要用到异常分析、静态分析、动态分析等数据挖掘方法。特别地，知识图谱在搜索引擎、可视化展示和精准营销方面有很大的优势，已成为业界的热门工具。但是，知识图谱的发展还有很大的挑战，如数据的噪声问题，即数据本身有错误或者数据存在冗余。随着知识图谱应用的不断深入，还有一系列关键技术需要突破。

3. 自然语言处理

自然语言处理（Natural Language Processing）是计算机科学领域与人工智能领域中的一个重要方向。它研究能实现人与计算机之间用自然语言进行有效通信的各种理论和方法。自然语言处理是一门集语言学、计算机科学、数学于一体的科学。因此，这一领域的研究会涉及自然语言，即人们日常使用的语言，所以它与语言学的研究有着密切的联系，但又有重要的区别。自然语言处理并不是一般地研究自然语言，而在于研制能有效地实现自然语言通信的计算机系统，特别是其中的软件系统。

自然语言处理的应用包罗万象，如机器翻译、手写体和印刷体字符识别、语音识别、信息检索、信息抽取与过滤、文本分类与聚类、舆情分析和观点挖掘等。它涉及与语言处理相关的数据挖掘、机器学习、知识获取、知识工程、人工智能研究和与语言计算相关的语言学研究等。

4. 人机交互

人机交互是一门研究系统与用户之间的交互关系的学科。系统可以是各种各样的机器，也可以是计算机化的系统和软件。人机交互界面通常是指用户可见的部分。用户通过人机交互界面与系统交流，并进行操作。人机交互是与认知心理学、人机工程学、多媒体技术、虚拟现实技术等密切相关的综合学科。传统的人与计算机之间的信息交换主要依靠交互设备进行，主要包括键盘、鼠标、操纵杆、数据服装、眼动跟踪器、位置跟踪器、数据手套、压力笔等输入设备，以及打印机、绘图仪、显示器、头盔式显示器、音箱等输出设备。人机交互技术除了传统的基本交互和图形交互外，还包括语音交互、情感交互、体感交互及脑机交互等技术。

人机交互具有广泛的应用场景，比如，日本建成了一栋可应用"人机交互"技术的住宅，人们可以通过该装置，用意念、不用手就能自由操控家用电器。该住宅主要是为帮助身体有残疾以及老年人创造便捷的生活环境。用户头部戴着含有"人机交互"技术的特殊装置，该装置通过读取用户脑部血流的变化以及脑波变动数据实现无线通信。连接网络的计算机通过识别装置发来的无线信号向机器传输指令。目前此装置判断的准确率达70%至80%，且从人的意识出现开始最短6.5秒内机器就可识别。

5. 计算机视觉

计算机视觉（Computer Vision）是一门研究如何使机器"看"的科学，进一步地说，用摄影机和计算机代替人眼对目标进行识别、跟踪和测量的机器视觉，并进一步做图像处理，成为更适合人眼观察或传送给仪器检测的图像。计算机视觉既是工程领域也是科学领域中一个富有挑战性的重要研究领域。计算机视觉是一门综合性的学科，它吸引了来自各个学科的研究者参加到对它的研究之中，其中包括计算机科学和工程、信号处理、物理学、应用数学和统计学、神经生理学和认知科学等。根据解决的问题，计算机视觉可分为计算成像学、图像理解、三维视觉、动态视觉和视频编解码五大类。

计算机视觉研究领域已经衍生出了一大批快速成长的、有实际作用的应用，举例如下。

（1）人脸识别：Snapchat 和 Facebook 使用人脸检测算法来识别人脸。

（2）图像检索：Google Images 使用基于内容的查询来搜索相关图片，运用算法分析查询图像中的内容并根据最佳匹配内容返回结果。

（3）游戏和控制：使用立体视觉较为成功的游戏应用产品是微软 Kinect。

（4）监测：用于监测可疑行为的监视摄像头遍布于各大公共场所中。

（5）智能汽车：计算机视觉仍然是检测交通标志、灯光和其他视觉特征的主要信息来源。

6. 生物特征识别

在当今信息化时代，如何准确鉴定一个人的身份、保护信息安全，已成为必须解决的关键社会问题。传统的身份认证由于极易伪造和丢失，越来越难以满足社会的需求，目前最为便捷与安全的解决方案无疑就是生物特征识别技术。它不但简洁快速，而且利用它进行身份的认定，非常安全、可靠、准确，同时更易于配合计算机和安全、监控、管理系统整合，实现自动化管理。由于其广阔的应用前景、巨大的社会效益和经济效益，生物特征识别技术已引起各国的广泛关注和高度重视。生物特征识别技术涉及的内容十分广泛，包括指纹、掌纹、人脸、虹膜、指静脉、声纹、步态等多种生物特征，其识别过程涉及图像处理、计算机视觉、语音识别、机器学习等多项技术。目前生物特征识别技术作为重要的智能化身份认证技术，在金融、公共安全、教育、交通等领域得到广泛的应用。

7. VR/AR

虚拟现实（Virtual Reality，VR）/增强现实（Augment Reality，AR）是以计算机为核心的新型视听技术。结合相关科学技术，VR/AR 在一定范围内生成与真实环境在视觉、听觉、触感等方面高度近似的数字化环境。用户借助必要的装备与数字化环境中的对象进行交互，相互影响，获得近似真实环境的感受和体验。

四、人工智能的应用

人工智能与行业领域的深度融合将改变甚至重新塑造传统行业。人工智能已经被广泛应用于制造、家居、金融、零售、交通、医疗、教育、物流、安防等各个领域，对人类社会的生产和生活产生了深远的影响。

知识拓展

工业 4.0

德国制定了成为欧洲数字化增长（Gigital Growth）领军国家的目标。在发布了第一份战略计划"工业 4.0"后，德国就已迈出了重要一步，成为全球首个致力于发掘这种新型工业化潜力的国家。其后发布的第二份战略计划——"智能服务世界"，重点关注从工业 4.0 制造到智能产品（出厂后）组成的价值链。"acatech 工业 4.0 成熟度指数"是一个"六阶成熟度模型"，分析企业在资源、信息系统、文化和组织架构四个领域（这四个领域是企业在数字化工业环境下运营的必备要素）的能力。每一发展阶段的实现都会给制造企业带来实际的额外好处。该模型的实用性已得到一家中型企业的验证。

报告指出，成功实施工业 4.0 的企业其关键战略特征是具备敏捷性和做出实时转变的能力。为了获得这些特征，企业必须建立一个不断扩展的数据库。然而，一家企业的组织架构和企业文化在决定数据潜力能否被有效利用方面发挥着重要作用。

1. 智能制造

智能制造（Intelligent Manufacturing，IM）是一种由智能机器和人类专家共同组成的人机一体化智能系统，它在制造过程中能进行智能活动，诸如分析、推理、判断、构思和决策等。智能制造通过人与智能机器的合作共事，去扩大、延伸和部分取代人类专家在制造过程中的脑力劳动。它把制造自动化的概念更新扩展到柔性化、智能化和高度集成化。

智能制造对人工智能的需求主要表现在以下三个方面：一是智能装备，包括自动识别设备、人机交互系统、工业机器人以及数控机床等具体设备，涉及跨媒体分析推理、自然语言处理、虚拟现实智能建模及自主无人系统等关键技术；二是智能工厂，包括智能设计、智能生产、智能管理以及集成优化等具体内容，涉及跨媒体分析推理、大数据智能、机器学习等关键技术；三是智能服务，包括大规模个性化定制、远程运维以及预测性维护等具体服务模式，涉及跨媒体分析推理、自然语言处理、大数据智能、高级机器学习等关键技术。

2. 智能家居

智能家居通过物联网技术将家中的各种设备（如音视频设备、照明系统、窗帘控制、空调控制、安防系统、数字影院系统、影音服务器、影柜系统、网络家电等）连接到一起，提供家电控制、照明控制、电话远程控制、室内外遥控、防盗报警、环境监测、暖通控制、红外转发以及可编程定时控制等多种功能和手段。与普通家居相比，智能家居不仅具有传统的居住功能，而且兼备建筑、网络通信、信息家电、设备自动化，提供全方位的信息交互功能，甚至为各种能源费用节约资金。

例如，借助智能语音技术，用户应用自然语言实现对家居系统各设备的操控，如开关窗帘或窗户、操控家用电器和照明系统、打扫卫生等操作。借助机器学习技术，智能电视可以从用户看电视的历史数据中分析其兴趣和爱好，并将相关的节目推荐给用户。通过应用声纹识别、脸部识别、指纹识别等技术，用户进行开锁等。通过大数据技术，智能家电可以实现对自身状态及环境的自我感知，具有故障诊断能力，通过收集产品运行数据，发现产品异常，主动提供服务，降低故障率。此外，通过大数据分析、远程监控和诊断，用户能够快速发现问题、解决问题，从而提高效率。

五、人工智能产业

1. 智能基础设施建设

智能基础设施为人工智能产业提供计算能力支撑，其范围包括智能芯片、智能传感器、分布式计算框架等，是人工智能产业发展的重要保障。

（1）智能芯片。在大数据时代，数据规模急剧膨胀，人工智能发展对计算性能的要求迫切增长。同时，受限于技术原因，传统处理器性能的提升也遭遇了"天花板"，无法继续按照摩尔定律保持增长，因此，发展下一代智能芯片势在必行。未来的智能芯片主要是在两个方向发展：一是模仿人类大脑结构的芯片，二是量子芯片。

（2）智能传感器。智能传感器是具有信息处理功能的传感器。智能传感器带有微处理机，具有采集、处理、交换信息的能力，是传感器集成化与微处理机相结合的产物。与一

般传感器相比，智能传感器具有以下三个优点：通过软件技术可实现高精度的信息采集，而且成本低；具有一定的自动化编程能力；功能多样化。随着人工智能应用领域的不断拓展，市场对传感器的需求将不断增多，未来，高敏度、高精度、高可靠性、微型化、集成化将成为智能传感器发展的重要趋势。

（3）分布式计算框架。面对海量的数据处理、复杂的知识推理，常规的单机计算模式已经不能支撑，分布式计算的兴起成为必然的结果。目前流行的分布式计算框架包括 Hadoop、Spark、Storm、Flink 等。

2. 智能信息及数据

信息、数据是人工智能创造价值的关键要素之一。得益于庞大的人口和产业基数，我国在数据方面具有天然的优势，并且在数据的采集、存储、处理和分析等领域产生了众多的企业。目前，在人工智能数据采集、存储、处理和分析方面的企业主要有两种：一种是数据集提供商，其主要业务是为不同领域的需求方提供机器学习等技术所需要的数据集；另一种是数据采集、存储、处理和分析综合性厂商，这类企业自身拥有获取数据的途径，可以对采集到的数据进行存储、处理和分析，并把分析结果提供给需求方使用。

3. 智能技术服务

智能技术服务主要关注如何构建人工智能的技术平台，并对外提供与人工智能相关的服务。此类厂商在人工智能产业链中处于关键位置，依托基础设施和大量的数据，为各类人工智能的应用提供关键性的技术平台、解决方案和服务。目前，从提供服务的类型来看，提供技术服务厂商包括以下几类：

（1）提供人工智能的技术平台和算法模型。为用户提供人工智能技术平台以及算法模型，用户可以在平台之上通过一系列的算法模型来进行应用开发。

（2）提供人工智能的整体解决方案。把多种人工智能算法模型以及软、硬件环境集成到解决方案中，从而帮助用户解决特定的行业问题。

（3）提供人工智能在线服务。依托其已有的云计算和大数据应用的用户资源，聚集用户的需求和行业属性，为客户提供多类型的人工智能服务。

4. 智能产品

智能产品是指将人工智能领域的技术成果集成化、产品化，随着制造强国、数字中国建设进程的加快，在制造、家居、金融、教育、公交、安防、医疗、物流等领域对人工智能技术和产品的需求将进一步释放，相关的智能产品也会越来越多。

六、大数据与人工智能

大数据和人工智能是当今最流行和最有用的两项技术。人工智能诞生于十多年前，大数据诞生于几年前。计算机可以用来存储数百万条记录和数据，但分析这些数据的能力是由大数据提供的。

可以说，大数据和人工智能是两大令人惊叹的现代技术集合，为机器学习注入动能，不断重复和更新数据库,同时借助人类的干预和递归实验进行优化。机器学习被认为是人工智能的高级版本,通过它,各种机器可以发送或接收数据,并通过分析数据学习新的概念。大数据帮助组织分析现有数据,并从中得出有意义的见解。

1. 大数据和人工智能的区别

人工智能与大数据一个主要的区别是大数据需要在数据变得有用之前进行清理、结构化和集成的原始输入,而人工智能则是输出,即处理数据产生的智能。这使得两者有着本质上的不同。

人工智能是一种计算形式,它允许机器执行认知功能,例如对输入起作用或作出反应,类似于人类的做法。传统的计算应用程序也会对数据做出反应,但反应和响应都必须采用人工编码。如果出现任何类型的差错,就像意外的结果一样,应用程序无法做出反应。而人工智能系统不断改变它们的行为,以适应调查结果的变化并修改它们的反应。

支持人工智能的机器旨在分析和解释数据,然后根据这些解释解决问题。通过机器学习,计算机会学习一次如何对某个结果采取行动或做出反应,并在未来知道采取相同的行动。

大数据是一种传统计算。它不会根据结果采取行动,而只是寻找结果。它定义了非常大的数据集,但也可以是极其多样的数据。在大数据集中,可以存在结构化数据,如关系型数据库中的事务数据,以及非结构化数据,如图像、电子邮件数据、传感器数据等。

它们在使用上也有差异。大数据主要是为了获得洞察力,例如 Netflix 网站可以根据人们观看的内容了解电影或电视节目,并向观众推荐类似内容。它因为考虑了客户的习惯以及他们喜欢的内容,所以推断出客户可能会有同样的感觉。

2. 人工智能与大数据的联系

虽然它们有很大的区别,但人工智能和大数据仍然能够很好地协同工作。这是因为人工智能需要数据来建立其智能,特别是机器学习。例如,机器学习图像识别应用程序可以查看数以万计的飞机图像,以了解飞机的构成,以便将来能够识别出它们。

人工智能实现最大的飞跃是大规模并行处理器的出现,特别是 GPU,它是具有数千个内核的大规模并行处理单元,而不是 CPU 中的几十个并行处理单元。这大大加快了现有的人工智能算法的速度。

大数据可以采用这些处理器,机器学习算法可以学习如何重现某种行为,包括收集数据以加速机器。人工智能不会像人类那样推断出结论,它通过试验和错误学习,这需要大量的数据来教授和培训人工智能。

人工智能应用的数据越多,其获得的结果就越准确。在过去,人工智能由于处理器速度慢、数据量小而不能很好地工作,也没有像当今先进的传感器,并且当时互联网还没有广泛使用,所以很难提供实时数据。当今人们拥有所需要的一切:快速的处理器、输入设备、网络和大量的数据集。毫无疑问,没有大数据就没有人工智能。

任务四
数字货币

北京 1 000 万元数字人民币红包来了！

新华社北京 2 月 6 日电　记者 6 日晚间从北京市地方金融监督管理局获悉，北京市于 7 日零时启动"数字王府井—冰雪购物节"数字人民币红包预约活动，面向在京个人发放 1 000 万元数字人民币红包，拉动内需，鼓励"就地过年"。

"数字王府井—冰雪购物节"活动由北京市东城区人民政府主办，面向在京个人发放 5 万份数字人民币红包，每份金额 200 元。2 月 7 日至 8 日期间，在京个人消费者可登录"魅力王府井"微信小程序查看本次活动详细介绍，通过京东 App、京喜 App 活动预约平台登记申请报名，预约报名通道自 2 月 7 日零时正式开启。

2 月 10 日将公布抽签结果，中签者可根据短信指引下载数字人民币 App 并开通个人"数字钱包"，获取数字人民币红包。2 月 10 日（腊月二十九）21 时至 2 月 17 日（正月初六）24 时内，消费者可使用该红包在王府井指定商户或京东 App"数字王府井—冰雪购物节"专区消费使用。

据悉，消费者可以在"魅力王府井"微信小程序活动平台查阅线下商户名单。根据目前公布的名单，线下商家涵盖冰壶馆、酒店、影院、照相馆、服装鞋帽商户等多种类型。

北京市地方金融监督管理局相关负责人介绍，"数字王府井—冰雪购物节"活动支持数字人民币红包在冰雪运动和冬奥食、住、行、游、购、娱等全场景进行线上线下消费，是数字人民币研发过程中的一次常规性测试，也是北京为促进国际消费中心城市建设、拉动内需、鼓励"就地过年"开展的创新实践。

下一步，北京将围绕 2022 年冬奥会稳步推进数字人民币更多试点应用，持续深化落实"两区"政策，不断完善法定数字货币试验区和金融科技应用场景试验区建设，提升北京智慧城市服务水平，打造国际消费中心城市，为北京冬奥会支付环境建设做好服务保障。

资料来源：北京1 000万元数字人民币红包来了！．（2021-02-07）．http：//www．newspaperhk．com/liangan/
20210207_13519．html．

案例思考： 结合案例谈谈你对数字货币的认识及看法。

近段时间，各国纷纷加快了数字货币的研发工作。虽然，对于数字货币可能带来的问题，业界仍有不同意见，比如保护消费者个人隐私、保护金融体制稳定性等，但毋庸置疑的是，发展数字货币已经成为大势所趋。

一、数字货币的概念

数字货币（Digital Currency）的概念最早是在1983年提出的，它们仅以数字或电子形式存在，与实际的纸币或硬币不同，它们是无形的。它们只能通过电子钱包或指定连接的网络在网上拥有和使用。

数字货币缺乏统一的定义，一般认为数字货币是一种基于节点网络和数字加密算法的虚拟货币。

我国央行数字货币简称为DC/EP（Digital Currency/Electronic Payment），即数字货币/电子支付工具，其功能属性与纸钞完全一样，只不过是数字化形态。央行数字货币不需要账户就能够实现价值转移。

数字货币不同于虚拟世界中的虚拟货币，因为它能被用于真实的商品和服务交易，而不局限在网络游戏中。早期的数字货币（数字黄金货币）是一种以黄金重量命名的电子货币形式。现在的数字货币，比如比特币、莱特币和PPCoin是依靠校验和密码技术来创建、发行和流通的电子货币。

数字人民币（Digital RMB），是由中国人民银行发行的数字形式的法定货币，是除纸钞和硬币外第三种形式的法定货币。数字人民币具备四重基本含义，如图7-4所示。

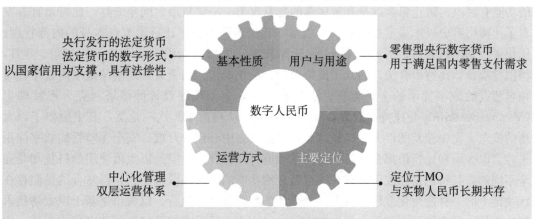

图7-4　数字人民币的基本含义

二、数字货币的发展历程

（一）国外数字货币发展分析

1. 比特币的诞生

2008 年 11 月初，日裔美国人中本聪发布了关于比特币的论文《比特币白皮书：一种点对点的电子现金系统》，这篇论文在世界上首次提出比特币这一数字货币概念。三个月后的 2009 年 1 月 3 日，比特币正式诞生，其开源的版本是依据客户端产生并发表。根据文中内容，其对比特币的观点是建立在区块链的基础上进行的数字化交易。而比特币正是一种 P2P 形式的去中心化的虚拟加密数字货币。

2. 挖币概念产生

2010 年，一个被称为 Slush 的计算机矿场发明了多方位节点共同挖矿（比特币）的方式，开启了世界比特币挖矿的潮流。但挖矿的同时也带来诸多问题。黑客潜入他人计算机挖矿，以及在逃避国家监管的地区进行大规模的挖矿，这诸多违法行为也在提醒国家对数字化货币必须进行国家监管。

3. 数字货币的发展以及成熟

2011 年，比特币官方发布新的比特币版本 0.3.21，支持如网上虚拟交易可控化、数字可调控等多种功能。同年 10 月，以比特币为模型启发，新的数字货币莱特币正式诞生，其开源方式和比特币在很大程度上是相近的，都有着去中心化和不受监管的特征。如今比特币官方已经更新其核心版本 0.17.0，进一步完善区块链以及数据存储问题，同时有效地避免了达到一定的数量后需要更改地址的问题。

4. 数字货币的繁盛以及逐步合法化

2013 年是数字货币的繁盛年度。2013 年，OpenCoin 公司开发出瑞波币。瑞波币完善的功能有两点：防止黑客以及开源病毒的恶意攻击、桥梁货币。同年 6 月，比特币官方发布了比特币有史以来最重要的 0.8.0 版本，它完善且加强了比特币节点本身的内部管理、优化了数据网络通信、引入了 leveldb 开源技术、更新了索引技术和查询机制等。8 月，德国首次承认比特币合法，确立了比特币的合法化地位。瑞士央行是全球范围内首个宣布独自建设的数字货币的金融银行。也就在同年，电子程序设计师维塔利克·巴特瑞恩（Vitalik Butterin）受比特币启发，发表了《以太坊白皮书》这一论文，文中提出了以太坊的概念。文中涉及的以太币能让开源者打造其去中心化、开放、安全无监管的数字应用平台。以太币和比特币都是以区块链为基础进行开源开发，但是以太币使用的科技却是完全不同的，其特色是以太币具有开源智慧合约功能的公共区段链平台，智慧合约是储存在区块链上的一种应用化程序，双方达成合约条款即能马上执行。以太币是基于以太坊技术衍生出的一种虚拟加密货币，是当前市场上仅次于比特币市值第二高的加密数字货币。这一货币在未来的发展基础也有一定的远瞻性。

(二) 国内数字货币的发展及架构

1. 国内数字货币的发展

中国对于数字货币的研究起步阶段较晚，而且至今来说对于比特币之类的数字货币的地位是不承认的。但不承认不意味着中国不发展数字货币，2020 年 4 月数字化人民币正式在京津冀地区试点开展。

2014 年，世界上已经出现了比特币这一数字货币的概念，区块链在区域应用上也逐步发展。而也就是在这一年，中国成立了央行数字货币专门的研究小组，这是中国的数字货币元年。从 2014 年至今，中国对数字货币的技术、法律问题等的研究已经涉及大多数方面。从 2017 年到现在才是中国数字货币开始发展的快速阶段。

2017 年，深圳数字货币研究所成立，自此开始了中国央行数字货币的高速发展阶段。2018 年，中国完善法律对于数字货币的研究，例如 9 月份正式搭建了中国区域的区块链平台系统。2019 年，我国对于央行数字货币进行专利政策的申请，进行一系列的学术研究讨论。

2020 年，国家在"全面深化服务贸易创新发展试点任务、具体举措及责任分工"部分中提出：在京津冀、长三角、粤港澳大湾区及中西部具备条件的试点地区开展数字人民币试点。先由深圳、成都、苏州、雄安新区等地及未来冬奥场景相关部门协助推进，后续视情况扩大到全国其他地区。全面深化试点地区为北京、天津、上海、重庆等城市。至此，央行数字货币开始逐步铺向全国各地。

2. 国内法定数字货币体系架构

根据央行数字货币研究所的专利信息和中国银行支付结算司副司长穆长春的解读，法定数字货币的发行采用的是双层运营体系，注重对流通中现金（M0）的替代。

双层运营体系是指中国人民银行先把数字货币兑换给银行或者是其他运营机构，再由这些机构兑换给公众。

上层：央行对发行的法定数字货币做信用担保，因此央行的数字货币与人民币一样具有无限的法偿性。

下层：由不同的商业银行构成，商业银行等机构面向公众发行 DC/EP 的同时，需向央行 100％缴纳全额准备金，以保证央行数字货币不超发。

双层运营体系对现有货币体系的冲击最小，能调动商业银行等的积极性，提升数字货币的接受程度；有利于商业机构的参与，充分利用商业机构的资源、人才、技术等优势，通过市场驱动来促进创新和竞争；同时也有助于分散化解风险，还可以避免"金融脱媒"。

我国试点中的法定数字货币采用中心化管理和间接发行模式，采用"账户松耦合"加数字钱包的方式，具有脱网交易的技术优势，能够为公众提供安全性高、流动性好的支付工具，让日常生活更简单，也有可能跨境"溢出"，发展成为全球性数字货币。

数字货币的发展是必然的，数字货币其优质的特点造就了未来信息化的基础，中国乃至世界都在进行研发，央行的数字化人民币就是一个最好的例子。

三、数字货币的主要特征

（1）在支付结算方面，数字货币不依赖机构，是一个公开可查的、由整个分布式网络维护的数字总账，称之为"区块链"。

（2）在发行和生产方面，数字货币的本质就是在一个相互验证的公开记账系统上记账，在一定算法的模式下，找出符合条件的一串随机代码，然后将这串代码同其他交易信息打包成一个区块，记录在这个账本里，这样就获得了一定数量的数字货币。

（3）数字货币的无国界性，使其在全球范围内流动。虚拟世界与现实世界相对应，通过数字货币与传统货币的兑换关系发生联系。在一定条件下，使用特定的数字货币可以购买实物商品，使用传统货币也能购买特定的虚拟商品。

（4）数字货币的分布式总账系统理论上可以让任何参与者都无法伪造数字货币，减少交易风险。

（5）数字货币的较低交易成本会促使银行等金融机构提升服务水平，降低交易费用。

（6）数字货币与移动金融商业模式相结合，能够促进普惠金融发展。

四、数字货币的类型

数字货币目前有三类：

第一类是法定数字货币，也就是国家中央银行数字货币，受政府直接监管；

第二类是以比特币为代表的 P2P 形式的虚拟加密数字货币，完全去中心化；

第三类是以 Libra 币为例的可信任机构的数字货币，并不完全去中心化，而是有多个节点的联盟链。

五、法定数字货币的优点

中国互联网金融协会区块链工作组组长李礼辉表示，根据国际清算银行的调查，80%的中央银行已经启动了数字货币的研发。在李礼辉看来，法定数字货币有三个方面好处：

一是可以节省成本，防范假币，可以强化支付系统的普惠特性；

二是可以实时把握结构性的货币流通数据，进而能够特别精准地调控货币供应的总量；

三是资金流的信息可以全程追踪，有利于反腐败、反洗钱、反恐怖融资、反逃税等。

我国人口居全球之最，支付市场的规模也是全球最大的。在这样一个市场里发行法定数字货币，必须保证数字货币工具的可靠性和安全性。

六、数字货币存在的问题

1. 高度匿名性、去中心化带来的洗钱和恐怖主义融资

数字货币的特点是高度的去中心化和匿名化。它被构建在完全独立的区块链中，不受监管，所以交易双方的信息都是极度隐秘的。这导致了许多问题，例如，利用这方面的特点可以进行网络数字货币洗钱，违法交易，出现网络犯罪和世界恐怖主义犯罪等的商业问题，这些问题几乎没有可能找到交易双方的可知信息，那么就造成了无法控制的结果。这也是中国不承认比特币等数字货币地位的原因之一。中国为了加强市场监管、完善市场数字货币行为而推出的央行数字货币（CDBC），可以对公民信息进行分析，但却有其保密性，本质上来说，央行推出的数字货币对现金的冲击更加广泛，应在原有数字货币技术上进行完善监管。数字货币的商业问题，更多的是与法律挂钩，洗钱、恐怖主义融资等都是严重的犯罪行为。数字货币的去中心化所带来的缺失监管问题是进行商业交易的一个利，也是弊。在利的方面，首先是交易双方可以匿名交易，对于一些隐晦合法的交易，这类匿名就是极好的方式，其次数字货币交易时其匿名性就可以进行合理的避税，对于企业而言就是一个极其有诱惑力的方面。在弊的方面，对于不合法交易，政府市场无法对其进行监管，那么造就的市场动荡的大小就无法预估和控制，其企业的避税行为对于企业而言可能是利的方面，但对于国家而言，大量的企业进行这方面的避税就必然会造成国家财政的问题。数字商业交易不仅仅是企业市场的综合，也是国家利益的综合。

2. 网络区块链上 ICO 融资和消费者权益保护风险

利用数字货币融资、集资成本极低，缺乏市场监管，因此导致跑路问题频出。这些年我国频发 ICO 非法集资跑路的问题。2018 年 3 月，深圳的一家企业在非法集资 3 亿多元的资金后跑路，当时许多投资者血本无归，甚至有部分人选择轻生。不仅这些，其还严重地影响了市场，让虚拟交易市场和线上交易一度成了限制性交易。而在保护持有者方面，因为央行不承认其地位，数字货币持有者不能把其直接兑换成法定货币，那么在网络市场波动时，数字货币可能大幅度贬值，造成巨大的损失。由于数字货币没有监管体系，部分企业负责人在利用数字货币非法集资的时候，就已经抛弃了商业道德问题，对于投资者而言，他们就是企业的韭菜，一旦集资活动扩大到一定程度，资金池达到一定程度，部分昧着良心的商人就会进行资金紧急熔断并跑路，留下的就只是一个毫无信誉的担保企业，投资者遭受巨大的损失。

3. 无担保机构，信誉度随市场波动

就当下市场上的数字货币而言（除了 2020 年央行推出的数字化人民币外），大部分的数字货币没有稳定性，一旦发生市场波动，黑客进行大规模的网络攻击，市场上的大部分数字货币就会大量贬值，造成数字货币的失信问题，从而导致一系列的商业道德问题。

任务五
区块链

近年来，随着区块链技术的不断发展，区块链在我们日常生活中的应用也越来越广泛，小到个人，大到一个国家。尤其是 2019 年 10 月习近平主席在中央政治局第十八次集体学习时强调："把区块链作为核心技术自主创新重要突破口，加快推动区块链技术和产业创新发展。"再次把区块链推向风口。

一、区块链的概念

区块链是分布式数据存储、点对点传输、共识机制、加密算法等计算机技术的新型应用模式。区块链本质上是一个去中心化的分布式账本系统，通过将该账本的数据储存于整个参与的网络节点中实现账本系统的去中心化。图 7-5 是区块链的分布式记账图。

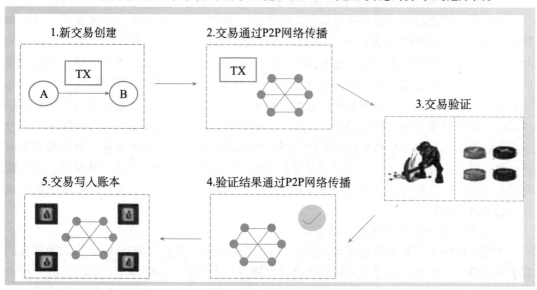

图 7-5 区块链的分布式记账图

其中，区块按照时间顺序先后生成且每一个区块都记录着生成时间段内的信息，而由整个区块连接起来的链条代表了信息合集。在关于区块之间的连接上，每一个区块分为区块头与区块体：区块头记录前一区块信息、时间戳、随机数和目标哈希，从而将前后区块链连接在一起；区块体则记录交易信息，形成一个完整的区块结构。

1. 狭义的区块链含义

狭义来讲，区块链是一种按照时间顺序将数据区块以顺序相连的方式组合成的一种链式数据结构，并以密码学方式保证的不可篡改和不可伪造的分布式账本。区块链具有不可篡改、防伪、可追溯等特性。在区块链中，每个新区块都包含上一个区块经过科学方法算出来的数据指纹即哈希值。这个值让一个个区块之间形成了有着严格顺序关系的链条结构，一旦某个区块中的任何数据被篡改，该区块在下一个区块头部的数据指纹值就会变动，之后就无法衔接上来，也就不会被任何人认可。所以，一旦任何某个区块数据产生变动，后续所有区块的数据指纹（哈希值）都会变动，所有人都能发现数据被篡改，并丢弃且不认可这种无效数据。这就保证了区块链数据的不可篡改。区块链结构示意图如图7-6所示。

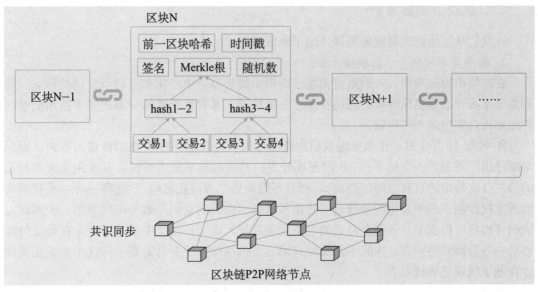

图7-6　区块链结构示意图

篡改区块链的行为基本上是一个可以但是没必要的行为，相较于正常活动所获取的收益，篡改活动的成本简直是天文数字，所需要的人力、财力、算力都是巨大的，得到的收益却微乎其微，成本收益比就是给区块链上的难篡改的最后一道保险，从动机角度解决了信任难题，从根源上设置了防篡改机制。操作难度大、技术成本高、动机没必要三个要素决定了区块链难以被篡改。

在日常应用中，我们的区块链数据是同步给所有节点记录的，所有人都像知道历史事实一样知道区块的正确顺序，也能查阅到相关数据，这就是区块链防伪、防篡改的

特性。

2. 广义的区块链含义

广义来讲，区块链技术是利用块链式数据结构来验证与存储数据、利用分布式节点共识算法来生成和更新数据、利用密码学的方式保证数据传输和访问的安全、利用由自动化脚本代码组成的智能合约来编程和操作数据的一种全新的分布式基础架构与计算范式。

区块链技术是构建价值互联网不可或缺的底层应用技术，是具备多层级和多类型应用的价值传输技术集合。它的本质是一种分布式数据库（注意：区块链与分布式数据库的差别），或者说是一个可共享且不易更改的分布式分类总账。

该技术方案让参与系统中的任意多个节点，把一段时间系统内的全部信息数据，通过密码学算法计算和记录到一个数据块（即区块），并生成数据"密码"用于验证其信息的有效性和链接下一个数据库块，并由系统所有参与节点来共同认定记录是否为真。

二、区块链的起源

让我们从区块链的起源来更深入地了解区块链。

1. 数字货币时代——区块链 1.0

在比特币提出初期，人们重点关注于所提出的货币去中心化和点对点支付的特点，随后世界逐步开始重视比特币的底层技术——区块链，其背后隐藏的分布式账本技术能够巧妙地解决现实中的一些问题。

2008 年 11 月 1 日，正当金融危机席卷全球时，一位名叫中本聪的神秘人物向"密码学邮件组"发布了一个帖子："我们正在开发一种新的电子货币系统，其采用完全点对点的形式（比特币的点对点网络架构），而且不需要第三方信托机构。"这样一种不受任何政府或主权控制、去中心化的全球电子货币系统是"密码朋克们"数十年的梦想。中本聪发表的《比特币白皮书：一种点对点的电子现金系统》论文，在文中描述了一个在线支付能够从一方直接到另一方，中间不需要经过第三方机构的电子交易方案，而这个方案正式建立在基于区块链的技术上。

比特币的问世及稳定运行的 8 年证明了区块链技术对于价值传输的可靠性及安全性，开启了互联网由信息互联时代向价值互联时代的大门。

2. 以智能合约为代表——区块链 2.0

智能合约与区块链的结合，普遍被认为是区块链世界中一次里程碑式的升级。第一个结合了区块链与智能合约技术的平台——以太坊的诞生，被认为是开启了区块链 2.0 时代。

2013 年，一个青年提出了以太坊，其核心是通过世界状态对区块链数据进行更新和验证。以太坊与比特币最大的不同在于可通过智能合约执行复杂的逻辑操作。

在以太坊上，智能合约的语言是 Solidity，它是图灵完备且较为上层的语言，极大地扩展了智能合约的能力范畴，降低了智能合约编写难度。

正因为此，以太坊的诞生，也标志着区块链 2.0 时代开启。随后，智能合约技术逐步渗透了溯源、存证、供应链等多个业务场景。

3. 未来区块链的大规模应用——区块链 3.0

在基于区块链 2.0 的认识上，区块链将进一步应用于除货币和金融以外，包括但不限于政府、能源、健康、文化和艺术上。

三、区块链的四大特征

区块链技术与传统行业相比具备去中心化、信息不可篡改性、匿名性和开放性的特点，现实中的应用都是围绕其特性进行拓展。

1. 去中心化

传统行业中数据往往存储在一个集中的大型数据库中，这不可避免地带来安全性与隐私性问题，而区块链技术采用的分布式账本结构使得每个参与节点都能够存储所有的交易信息，避免了单一数据库损坏丢失带来的巨大代价。

2. 信息不可篡改性

在区块链下，一笔交易只有通过全网广播认证才能够写入账本并存储于每个参与节点中，因此如果要篡改某类信息意味着至少要控制 51% 的节点才能完成，而在现实中几乎是不可能的。

3. 匿名性

区块链的匿名性主要表现在非实名上，链上的交易通过公私钥地址进行，而公私钥完全可以与现实身份信息无关。

4. 开放性

在以比特币为代表的公有链上，整个分布式账本系统对任何人都是公开透明的，除了个人的私钥信息以外，任何人都可以查询区块数据信息并开发相关应用；而私有链则可以通过设定不同权级有针对性地进行开发。

在这里，我们必须强调比特币并不等同于区块链，而只是区块链技术的一个最早期也最典型的应用范例。这个应用范例的问世打开了区块链的潘多拉魔盒，让虚拟的互联网世界开启了价值互联的时代，其核心是依靠技术手段建立一种无须第三方担保的安全、可信任的机制，让人人可以参与其中。

四、区块链的模型架构

区块链技术不是单一的创新技术，而是多种技术整合创新的结果，其本质是一个弱中心的、自信任的底层架构技术。与传统的互联网技术相比，它的技术原理与模型架构是一

次重大革新。在这里，我们就区块链的基本技术模型进行剖析。

区块链技术模型自下而上包括数据层、网络层、共识层、激励层、合约层和应用层。每一层分别具备一项核心功能，不同层级之间相互配合，共同构建一个去中心化的价值传输体系。

数据层是区块链最底层的数据结构，应用了公私钥相结合的非对称加密技术，利用散列函数确保信息不被篡改，还采用了链式结构、时间戳技术、梅克尔（Merkle）树等技术对数据区块进行处理，让新旧区块之间相互链接、相互验证，是区块链安全、稳定运行的基础。

网络层封装了 P2P 网络机制、传播和验证机制等技术。基于端对端的网络传播体系，每一个节点既可生产信息，也可接收信息。当一个节点生成新的区块时，它会向全网广播。超过 51％的节点在验证新区块的真实性后，其将被许可链接到区块链上，并被永久存储下来。所有节点共同维系着这个区块链网络，任何一个节点都无法篡改和控制这个系统。

共识层是区块链技术中最为核心的一个层级，它解决了分布式系统中如何统一行动的问题，这个层级封装了各类共识机制算法。到目前，区块链上的共识机制算法达 10 多种，其中最成熟且得到广泛应用的有三种，即工作量证明机制（Proof of Work，POW）、权益证明机制（Proof of Stake，POS）、股份授权证明机制（Delegated Proof of Stake，DPOS）等。

激励层包括发行机制和激励机制，该层级的设置是经济学与互联网技术紧密结合的产物，让高度分散的节点能够自觉参与到系统的维护与建设中，让整个系统健康有序地发展。当然，在不同的应用场景中，激励层的发行机制和激励机制会有所不同，但这个技术层的存在让区块链中的节点能够主动积极地维护整个系统的稳定运行，是区块链技术的创新之处。

智能合约、共识算法、脚本代码构成了合约层，是区块链可编程特性的基础。在区块链的发展历程中，在区块链 1.0 时代，脚本代码只具备简单的编写功能，并未充分发挥区块链的优势；在区块链 2.0 时代，以以太坊为代表的区块链具备了很强的可编程性，以太坊是可编程的区块链，此时在区块链上任何人都可以上传和执行任意的应用程序，并且程序的有效执行能得到保证。

应用层封装了区块链的各种应用场景和案例，如比特币、以太坊、慈善应用平台、跨界支付系统、政务系统等搭建在区块链上的各类区块链应用，未来可编程金融和可编程社会也将会搭建在这个层级上。

这六个技术层级是构建区块链技术的必要元素，缺少任何一层都将不能称之为真正意义上的区块链技术。

五、区块链的核心原理

从工业革命时代的资源导向到互联网时代的需求导向，再到区块链时代的价值导向，是商业文明的主导权从官方组织到市场组织，最后到个体的一步步交割。伴随着这种演变，如何建立一种去中心化的信任机制是商业文明进程中亟须解决的问题。

应势而出的区块链技术的核心原理是构建一个信任链接器，建立在程序和代码基础上的信任体系俨然是最公正的机器法官，保证了点对点之间价值物自由、安全、便捷地传递和流通。

区块链对这个问题给出了解决方案，其核心理念是：构建前后关联且可相互验证的数据块（即区块），并通过时间戳将区块排序，结合密码学技术，形成集体维护、彼此验证、有序链接的网状价值传输系统。

六、区块链技术应用

随着对区块链技术的学习与认识过程的不断发展，针对区块链在现实中的应用实质上是围绕区块链特性与行业"痛点"结合来展开探索，在解决第三方信任、提高商业效率、增强网络安全、提高信息透明等方面有着十分广泛的应用空间，并由此提出了"区块链＋"的概念。图7-7是区块链应用场景图。

1. 金融应用不断成熟，跨境支付与资产证券化最先受益

区块链基于去中心化、点对点传输的分布式账本技术避免了记录丢失问题，以及有工作量证明机制和基于时间戳的回溯机制维护了数据传输过程中的安全性问题，使得区块链在第三方参与频繁且信息安全性要求高的金融行业有着很强的适应性，能够帮助货币金融行业简化流程、降低成本、提高效率甚至极大地改变现有金融行业的交易模式。具体而言，区块链技术可应用于跨境支付、资产证券化和保险方面。

2. 区块链＋版权及文娱——行业"痛点"与特性的绝配

在对知识版权日益尊重但互联网版权难以受到保护的今天，如何方便、快捷地注册版权以维护自身权益成为这一行业的痛点。传统的纸质版权文件有花费时间长、纸质保管难的问题，而利用区块链技术进行在线申请，即时申请、即时存证，难以伪造与篡改，还可以通过赋予注册者唯一的数字ID随时提取版权信息。

在文娱与金融的交叉应用方面，由于文娱产业的特殊性，个人或中小型制作团队很难去对接投资机构或资产交易方，而在法律许可的范围下，利用区块链技术将资产整合进区块链平台。一方面，可以在相关机构监管下发行数字货币进行融资；另一方面，通过分布式账本技术完成在线的资产交易过程，公开透明的账本能够记录每一次交易情况。

3. 区块链＋供应链——市场潜力巨大，防伪溯源落地可期

对于现代企业而言，随着供应链条的不断延伸，企业很难去掌握全部的供应链信息以及自身所处的供应链地位，大多数企业仅仅能够了解自身上下游最近企业的情况。因此，如何做到权责清晰，如何做到信息透明、可追溯，成为行业的"痛点"问题，而如果考虑区块链公开透明和时间可追溯的分布式账本技术，供应链条上的任何一方都能够了解产品状况，那么能够很方便地跟踪和管理各个环节。

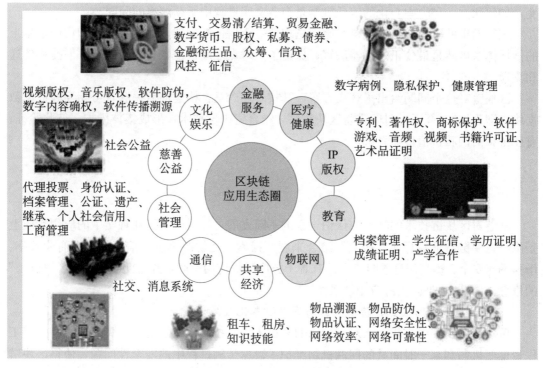

图7-7 区块链应用场景图

4. 区块链＋物联网——技术准备基本成熟，静待物联网未来发展

"十三五"期间，工信部发布了《物联网发展规划（2016—2020 年)》并于 2017 年 6 月下发《全面推进移动物联网（NB-IoT）建设发展的通知》，要求到 2020 年我国 NB-IoT 网络的基站规模达到 150 万个，NB-IoT 连接总数超过 6 亿。在国家政策的支持下，物联 网市场有望迎来爆发。有数据显示，在 2017 年大约有 84 亿台接入了互联网的智能设备， 麦肯锡预测这一数字在 2025 年将达到 250 亿台，经济规模高达 6 万亿元，尤其是 5G 商 用的加速落地与车联网、无人驾驶的火热，物联网的未来发展值得期待。

由于物联网"物物互联"的属性，与分布式网络联系在一起，尤其是在物联网的安全 性日益凸显的未来，区块链技术去中心化的特点为防止物联网传输数据被篡改提供了一种 内部的解决方案。

项目小结

云计算、物联网、人工智能、区块链和数字货币，代表了人类 IT 技术的最新发展趋势，五大技术深刻变革着人们的生产和生活。五种技术中，人工智能具有较长的发展历史，在 20 世纪 50 年代就已经被提出，并在 2016 年迎来了又一次发展高潮。云计算、物联网、区块链和数字货币在 2010 年以后迎来一次大发展，目前正在各大领域不断深化应用。本项目对云计算、物联网、人工智能、区块链和数字货币做了简要的介绍，并且梳理了大数据与这几种技术的紧密关系。相信这五种技术的融合发展、相互助力，一定会给人类社会的未来发展带来更多的新变化。

实训练习

 应知考核

一、单项选择题

1. （　　）是最底层的硬件资源，主要包括 CPU（计算资源）、硬盘（存储资源）为企业提供计算资源。

A. 基础设施即服务　　　B. 平台即服务　　　C. 软件即服务　　　D. 公有云

2. （　　）是物联网发展和应用的基础，包括条形码识别器、各种类型的传感器（如温湿度传感器、视频传感器、红外探测器等）、智能硬件（如电表、空调等）和网关等。

A. 感知控制层　　　B. 数据传输层　　　C. 数据处理层　　　D. 应用决策层

3. （　　）负责接收感知控制层传来的数据，并将其传输到数据处理层，随后将数据处理结果再反馈回感知控制层。

A. 感知控制层　　　B. 数据传输层　　　C. 数据处理层　　　D. 应用决策层

4. （　　）可进行物联网资源的初始化，监测资源的在线运行状况，协调多个物联网资源（如计算资源、通信设备和感知设备等）之间的工作。

A. 感知控制层　　　B. 数据传输层　　　C. 数据处理层　　　D. 应用决策层

5. （　　）利用经过分析处理的感知数据，为用户提供多种不同类型的服务，如检索、计算和推理等。

A. 感知控制层　　　　B. 数据传输层　　　　C. 数据处理层　　　　D. 应用决策层

6. （　　）是由具有全面感知能力的物品和人组成的。

A. 云计算　　　　　　B. 物联网　　　　　　C. 大数据　　　　　　D. 人工智能

7. （　　）的稳定性和可靠性是保证物物相联的关键。

A. 数据传递　　　　　B. 超大规模　　　　　C. 全面感知　　　　　D. 智能处理

8. （　　）是物联网的核心。

A. 智能处理　　　　　B. 超大规模　　　　　C. 可靠传递　　　　　D. 感知

9. （　　）融合了各种信息技术，突破了互联网的限制，将物体接入信息网络，实现了"物物相联的互连网"。

A. 云计算　　　　　　B. 物联网　　　　　　C. 大数据　　　　　　D. 人工智能

10. （　　）提供二维码、RFID及读写机具、传感器、智能仪器仪表等物联网核心感应器件。

A. 核心感应器件提供商　　　　　　　　B. 感知层末端设备提供商

C. 网络提供商　　　　　　　　　　　　D. 系统集成商

11. （　　）是一种机器表现的行为，这种行为能以与人类智能相似的方式对环境做出反应并尽可能提高自己达成目的的概率。

A. 云计算　　　　　　B. 物联网　　　　　　C. 大数据　　　　　　D. 人工智能

12. （　　）指的是只能完成某一项特定任务或者解决某一特定问题的人工智能。

A. 超强人工智能　　　B. 弱人工智能　　　　C. 强人工智能　　　　D. 超人工智能

13. （　　）指的是可以像人一样胜任任何智力性任务的智能机器。

A. 超强人工智能　　　B. 弱人工智能　　　　C. 强人工智能　　　　D. 超人工智能

14. （　　）能实现与人类智能等同的功能，即可以像人类智能实现生物上的进化一样，对自身进行重编程和改进，这也就是"递归自我改进功能"。

A. 超强人工智能　　　B. 弱人工智能　　　　C. 强人工智能　　　　D. 超人工智能

15. （　　）是一种计算形式，它允许机器执行认知功能，例如对输入起作用或作出反应，类似于人类的做法。

A. 云计算　　　　　　B. 物联网　　　　　　C. 大数据　　　　　　D. 人工智能

16. （　　）只能通过电子钱包或指定连接的网络在网上拥有和使用。

A. 数字货币　　　　　B. 物联网　　　　　　C. 大数据　　　　　　D. 人工智能

17. （　　）是一种基于节点网络和数字加密算法的虚拟货币。

A. 数字货币　　　　　B. 物联网　　　　　　C. 大数据　　　　　　D. 人工智能

18. （　　）是分布式数据存储、点对点传输、共识机制、加密算法等计算机技术的新型应用模式。

A. 数字货币　　　　　B. 区块链　　　　　　C. 大数据　　　　　　D. 人工智能

19. （　　）本质上是一个去中心化的分布式账本系统，通过将该账本的数据储存于整个参与的网络节点中实现账本系统的去中心化。

A. 数字货币　　　　　　B. 物联网　　　　　C. 区块链　　　　D. 人工智能

20. （　　）本质上是一种分布式数据库，或者说是一个可共享且不易更改的分布式分类总账。

A. 数字货币　　　　　　B. 物联网　　　　　C. 区块链　　　　D. 人工智能

21. （　　）是区块链最底层的数据结构，应用了公私钥相结合的非对称加密技术。

A. 数据层　　　　　　　B. 网络层　　　　　C. 共识层　　　　D. 激励层

22. （　　）封装了 P2P 网络机制、传播和验证机制等技术。

A. 数据层　　　　　　　B. 网络层　　　　　C. 共识层　　　　D. 激励层

23. （　　）是区块链技术中最为核心的一个层级，它解决了分布式系统中如何统一行动的问题，这个层级封装了各类共识机制算法。

A. 数据层　　　　　　　B. 网络层　　　　　C. 共识层　　　　D. 激励层

24. （　　）封装了区块链的各种应用场景和案例，如比特币、以太坊、政务系统等搭建在区块链上的各类区块链应用，未来可编程金融和可编程社会也将会搭建在这个层级上。

A. 数据层　　　　　　　B. 网络层　　　　　C. 共识层　　　　D. 应用层

25. （　　）是一种 P2P 形式的去中心化的虚拟加密数字货币。

A. 数字货币　　　　　　B. 比特币　　　　　C. 区块链　　　　D. 人工智能

二、多项选择题

1. 从部署云计算方式的角度出发，云计算可以分为（　　）类。

A. 公有云　　　　　　　B. 大众云　　　　　C. 私有云　　　　D. 混合云

2. 下列是公有云的应用示例的有（　　）。

A. 华为云　　　　　　　B. 阿里云　　　　　C. 腾讯云　　　　D. 百度云

3. 从所提供服务类型的角度出发，云计算可以分为（　　）类。

A. 基础设施即服务　　B. 平台即服务　　　C. 软件即服务　　D. 公有云

4. 下列属于云计算的特征的有（　　）。

A. 可扩展性　　　　　　B. 超大规模　　　　C. 高可靠性　　　D. 按需服务

5. 在物联网中，可以作为网络的终端的有（　　）。

A. 书　　　　　　　　　B. 牙刷　　　　　　C. 汽车　　　　　D. 杯子

6. 从技术架构上来看，物联网可以分为（　　）体系结构。

A. 感知控制层　　　　　B. 数据传输层　　　C. 数据处理层　　D. 应用决策层

7. 物联网是以互联网为基础，主要解决（　　）的互联和通信问题。

A. 人与人　　　　　　　B. 人与物　　　　　C. 物与物　　　　D. 物与网

8. 下列属于物联网中感知控制层的有（　　）。

A. 温度传感器　　　　　B. 二维码标签　　　C. 摄像头　　　　D. GPS 设备

9. 下列属于物联网中数据传输层的有（　　）。

A. 互联网　　　　　　　B. 移动通信网络　　C. 卫星通信网络　D. 湿度传感器

10. 下列属于物联网的特征的有（　　　）。

A. 全面感知　　　　　B. 超大规模　　　　　C. 可靠传递　　　　　D. 智能处理

11. 下列属于物联网的关键技术的有（　　　）。

A. 射频识别技术　　　　　　　　　　B. 传感器技术

C. 无线网络技术　　　　　　　　　　D. 数据挖掘与融合技术

12. 物联网已经广泛应用于（　　　）等领域。

A. 智能交通　　　　　B. 智慧医疗　　　　　C. 智能家居　　　　　D. 智慧物流

13. 完整的物联网产业链主要包括（　　　）。

A. 核心感应器件提供商　　　　　　　B. 感知层末端设备提供商

C. 网络提供商　　　　　　　　　　　D. 系统集成商

14. 人工智能大体上可以分为（　　　）类。

A. 超强人工智能　　　　　　　　　　B. 弱人工智能

C. 强人工智能　　　　　　　　　　　D. 超人工智能

15. 人工智能包括的关键技术有（　　　）。

A. 机器学习　　　　　B. 知识图谱　　　　　C. 人机交互　　　　　D. 计算机视觉

16. 机器学习强调的关键词是（　　　）。

A. 算法　　　　　　　B. 计算　　　　　　　C. 经验　　　　　　　D. 性能

17. 人工智能已经被广泛应用于（　　　）等各个领域。

A. 智能制造　　　　　B. 智能家居　　　　　C. 智能医疗　　　　　D. 智能教育

18. 智能制造对人工智能的需求主要表现在（　　　）方面。

A. 网络通信　　　　　B. 智能装备　　　　　C. 智能工厂　　　　　D. 智能服务

19. 区块链的特征包括（　　　）。

A. 去中心化　　　　　B. 信息不可篡改性　　C. 匿名性　　　　　　D. 开放性

20. 下列属于区块链技术模型的有（　　　）。

A. 数据层　　　　　　B. 网络层　　　　　　C. 共识层　　　　　　D. 激励层

三、判断题

1. 云连接着网络的另一端，为用户提供了可以按需获取的弹性资源和架构。用户按需付费，大大降低了使用成本。（　　　）

2. 基础设施即服务（IaaS）：是最底层的硬件资源，主要包括 CPU（计算资源）、硬盘（存储资源）、网卡（网络资源）等，为企业提供计算资源。（　　　）

3. 云服务客户可以通过网络，随时随地获得无限多的物理或虚拟资源。（　　　）

4. 平台是最底层的硬件资源。（　　　）

5. 杀毒云是云计算的一个应用场景。（　　　）

6. 在物联网中，一个牙刷、一条轮胎、一座房屋甚至是一张纸巾都可以作为网络的终端，即世界上的任何物品都能连入网络。（　　　）

7. 数据传输层相当于人体的大脑，起到存储和处理的作用，包括数据存储、管理和

分析平台。（　　）

8. 感知控制层直接面向用户，满足各种应用需求，如智能交通、智慧农业、智慧医疗、智能工业等。（　　）

9. 云计算、大数据和物联网代表了 IT 领域最新的技术发展趋势，三者没有联系。（　　）

10. 从整体上看，大数据、云计算和物联网这三者是相辅相成的。（　　）

11. 苹果公司的 Siri 就是一个典型的弱人工智能，它只能执行有限的预设功能。（　　）

12. 比特币是最具代表性的数字货币。（　　）

应会考核

1. 请阐述云计算的概念。
2. 请阐述云计算的类型。
3. 请阐述物联网的概念及物联网各个层次的功能。
4. 请阐述人工智能的概念。
5. 请阐述人工智能的分类。
6. 请阐述数字货币的概念。
7. 请阐述区块链的特征。

参考文献

REFERENCE

[1] 贵州省大数据发展管理局：http://dsj. guizhou. gov. cn/

[2] 云上贵州：https：//www. gzdata. com. cn/

[3] 林子雨. 大数据技术原理与应用 [M]. 北京：人民邮电出版社，2015.

[4] 康路晨. 一本书读懂大数据时代 [M]. 北京：民主与建设出版社，2015.

[5] 杨有韦. 百人访谈｜鲁红军：我们没有做过一个非大数据项目 [J]. 大数据时代，2021 (1).

[6] 魏苗，陈述，吴禀雅. 大数据分析导论 [M]. 北京：电子工业出版社，2019.

[7] 武志学. 大数据导论：思维、技术与应用 [M]. 北京：人民邮电出版社，2019.

[8] 范艳. 大数据安全与隐私保护 [J]. 电子技术与软件工程，2016 (1).

[9] 黑马程序员. 数据分析思维与可视化 [M]. 北京：清华大学出版社，2019.

[10] 王爱红，吴健. 大数据基础——走进大数据 [M]. 北京：电子工业出版社，2019.

[11] [美] 托马斯·埃尔，瓦吉德·哈塔克，保罗·布勒. 大数据导论 [M]. 彭智勇，杨先娣，译. 北京：机械工业出版社，2020.

[12] 杨毅等. 大数据技术基础与应用导论 [M]. 北京：电子工业出版社，2018.

[13] 林子雨. 大数据导论——数据思维、数据能力和数据伦理 [M]. 北京：高等教育出版社，2020.

[14] 娄岩. 大数据应用基础 [M]. 北京：中国铁道出版社，2018.

[15] 深度开源：https://www. open-open. com/

附　录

附录1

大数据常见术语表

大数据的出现带来了许多新的术语，但这些术语往往比较难以理解。因此，我们通过本文给出一个常用的大数据术语表，抛砖引玉，供大家深入了解。其中，部分定义参考了相应的博客文章。当然，这份术语表并没有包含所有的术语，如果你认为有任何遗漏之处，请告之我们。

A

聚合（Aggregation）——搜索、合并、显示数据的过程。

算法（Algorithms）——可以完成某种数据分析的数学公式。

分析法（Analytics）——用于发现数据的内在含义。

异常检测（Anomaly Detection）——在数据集中搜索与预期模式或行为不匹配的数据项。除了"Anomalies"，用来表示异常的词有以下几种：outliers，exceptions，surprises，contaminants。它们通常可提供关键的可执行信息。

匿名化（Anonymization）——使数据匿名，即移除所有与个人隐私相关的数据。

应用（Application）——实现某种特定功能的计算机软件。

人工智能（Artificial Intelligence）——研发智能机器和智能软件，这些智能设备能够感知周遭的环境，并根据要求作出相应的反应，甚至能自我学习。

B

行为分析法（Behavioural Analytics）——这种分析法是根据用户的行为如"怎么做""为什么这么做"，以及"做了什么"来得出结论，而不是仅仅针对人物和时间的一门分析学科，它着眼于数据中的人性化模式。

大数据科学家（Big Data Scientist）——能够设计大数据算法使得大数据变得有用的人。

大数据创业公司（Big Data Startup）——指研发最新大数据技术的新兴公司。

生物测定术（Biometrics）——根据个人的特征进行身份识别。

B字节（BB：Brontobytes）——约等于1 000 YB（Yottabytes），相当于未来数字化宇宙的大小。1 B字节包含27个0。

商业智能（Business Intelligence）——是一系列理论、方法学和过程，使得数据更容

易被理解。

C

分类分析（Classification Analysis）——从数据中获得重要的相关性信息的系统化过程；这类数据也被称为元数据（Meta Data），是描述数据的数据。

云计算（Cloud Computing）——构建在网络上的分布式计算系统，数据是存储于机房外的（即云端）。

聚类分析（Clustering Analysis）——它是将相似的对象聚合在一起，每类相似的对象组合成一个聚类（也叫作簇）的过程。这种分析方法的目的在于分析数据间的差异和相似性。

冷数据存储（Cold Data Storage）——在低功耗服务器上存储那些几乎不被使用的旧数据。但这些数据检索起来将会很耗时。

对比分析（Comparative Analysis）——在非常大的数据集中进行模式匹配时，进行一步步的对比和计算过程得到分析结果。

复杂结构的数据（Complex Structured Data）——由两个或多个复杂而相互关联部分组成的数据，这类数据不能简单地由结构化查询语言或工具（SQL）解析。

计算机产生的数据（Computer Generated Data）——如日志文件这类由计算机生成的数据。

并发（Concurrency）——同时执行多个任务或运行多个进程。

相关性分析（Correlation Analysis）——是一种数据分析方法，用于分析变量之间是否存在正相关，或者负相关。

客户关系管理（Customer Relationship Management，CRM）——用于管理销售、业务过程的一种技术，大数据将影响公司的客户关系管理的策略。

D

仪表板（Dashboard）——使用算法分析数据，并将结果用图表方式显示于仪表板中。

数据聚合工具（Data Aggregation Tools）——将分散于众多数据源的数据转化成一个全新数据源的过程。

数据分析师（Data Analyst）——从事数据分析、建模、清理、处理的专业人员。

数据库（Database）——一个以某种特定的技术来存储数据集合的仓库。

数据库即服务（Database-as-a-Service）——部署在云端的数据库，即用即付，例如亚马逊云服务（Amazon Web Services，AWS）。

数据库管理系统（Database Management System，DBMS）——收集、存储数据，并提供数据的访问。

数据中心（Data Centre）——一个实体地点，放置了用来存储数据的服务器。

数据清洗（Data Cleansing）——对数据进行重新审查和校验的过程，目的在于删除重复信息、纠正存在的错误，并提供数据一致性。

数据管理员（Data Custodian）——负责维护数据存储所需技术环境的专业技术人员。

数据道德准则（Data Ethical Guidelines）——这些准则有助于组织机构使其数据透明

化，保证数据的简洁、安全及隐私。

数据订阅（Data Feed）——一种数据流，例如 Twitter 信息和 RSS 订阅。

数据集市（Data Marketplace）——进行数据集买卖的在线交易场所。

数据挖掘（Data Mining）——从数据集中发掘特定模式或信息的过程。

数据建模（Data Modelling）——使用数据建模技术来分析数据对象，以此洞悉数据的内在含义。

数据集（Data Set）——大量数据的集合。

数据虚拟化（Data Virtualization）——数据整合的过程，以此获得更多的数据信息。这个过程通常会引入其他技术，如数据库、应用程序、文件系统、网页技术、大数据技术等。

去身份识别（De-identification）——也称为匿名化（anonymization），确保个人不会通过数据被识别。

判别分析（Discriminant Analysis）——将数据分类，按不同的分类方式，可将数据分配到不同的群组、类别或目录；是一种统计分析法，可以对数据中某些群组或集群的已知信息进行分析，并从中获取分类规则。

分布式文件系统（Distributed File System）——提供简化的、高可用的方式来存储、分析、处理数据的系统。

文件存储数据库（Document Store Databases）——又称为文档数据库（Document-oriented Database），是为存储、管理、恢复文档数据而专门设计的数据库，这类文档数据也称为半结构化数据。

E

探索性分析（Exploratory Analysis）——在没有标准的流程或方法的情况下从数据中发掘模式，是一种发掘数据和数据集主要特性的一种方法。

E 字节（Exabytes，EB）——约等于 1 000 PB（Petabytes），约等于 100 万 GB。如今，全球每天所制造的新信息量大约为 1 EB。

提取—转换—加载（Extract，Transform and Load，ETL）——是一种用于数据库或数据仓库的处理过程，即从各种不同的数据源提取（E）数据，并转换（T）成能满足业务需要的数据，最后将其加载（L）到数据库。

F

故障切换（Failover）——当系统中某个服务器发生故障时，能自动地将运行任务切换到另一个可用的服务器或节点上。

容错设计（Fault-tolerant Design）——一个支持容错设计的系统应该能够做到当某一部分出现故障时也能继续运行。

G

游戏化（Gamification）——在其他非游戏领域中运用游戏的思维和机制，这种方法可以以一种十分友好的方式进行数据的创建和侦测，非常有效。

图形数据库（Graph Databases）——运用图形结构（如一组有限的有序对，或者某种实体）来存储数据，这种图形存储结构包括边缘、属性和节点。它提供了相邻节点间的自由索引功能，也就是说，数据库中每个元素间都与其他相邻元素直接关联。

网格计算（Grid Computing）——将许多分布在不同地点的计算机连接在一起，用以处理某个特定问题，通常是通过云将计算机相连在一起。

H

Hadoop——一个开源的分布式系统基础框架，可用于开发分布式程序，进行大数据的运算与存储。

Hadoop 数据库（HBase）——一个开源的、非关系型、分布式数据库，与 Hadoop 框架共同使用。

HDFS——Hadoop 分布式文件系统（Hadoop Distributed File System），是一个被设计成适合运行在通用硬件（Commodity Hardware）上的分布式文件系统。

高性能计算（High-Performance-Computing，HPC）——使用超级计算机来解决极其复杂的计算问题。

I

内存数据库（In-Memory Database，IMDB）——一种数据库管理系统，与普通数据库管理系统的不同之处在于，它用主存来存储数据，而非硬盘。其特点在于能够高速地进行数据的处理和存取。

物联网（Internet of Things）——在普通的设备中装上传感器，使这些设备能够在任何时间、任何地点与网络相连。

J

法律上的数据一致性（Juridical Data Compliance）——当你使用的云计算解决方案，将你的数据存储于不同的国家或不同的大陆时，就会与这个概念扯上关系了。你需要留意这些存储在不同国家的数据是否符合当地的法律。

K

键值数据库（Key Value Databases）——数据的存储方式是使用一个特定的键，指向一个特定的数据记录，这种方式使得数据的查找更加方便、快捷。键值数据库中所存的数据通常为编程语言中基本数据类型的数据。

L

延迟（Latency）——表示系统时间的延迟。

遗留系统（Legacy System）——是一种旧的应用程序，或是旧的技术，或是旧的计算系统，现在已经不再支持了。

负载均衡（Load Balancing）——将工作量分配到多台电脑或服务器上，以获得最优结果和最大的系统利用率。

位置信息（Location Data）——GPS 信息，即地理位置信息。

日志文件（Log File）——由计算机系统自动生成的文件，记录系统的运行过程。

M

M2M 数据（Machine to Machine Data）——两台或多台机器间交流与传输的内容。

机器数据（Machine Data）——由传感器或算法在机器上产生的数据。

机器学习（Machine Learning）——人工智能的一部分，指的是机器能够从它们所完成的任务中进行自我学习，通过长期的累积实现自我改进。

MapReduce——是处理大规模数据的一种软件框架（Map：映射，Reduce：归纳）。

大规模并行处理（MPP：Massively Parallel Processing）——同时使用多个处理器（或多台计算机）处理同一个计算任务。

元数据（Metadata）——被称为描述数据的数据，即描述数据属性（数据是什么）的信息。

MongoDB——一种开源的非关系型数据库（NoSQL Database）。

多维数据库（Multi-Dimensional Databases）——用于优化数据联机分析处理（OLAP）程序，优化数据仓库的一种数据库。

多值数据库（Multi-Value Databases）——是一种非关系型数据库（NoSQL），一种特殊的多维数据库，能处理 3 个维度的数据；主要针对非常长的字符串，能够完美地处理 HTML 和 XML 中的字串。

N

自然语言处理（Natural Language Processing）——是计算机科学的一个分支领域，它研究如何实现计算机与人类语言之间的交互。

网络分析（Network Analysis）——分析网络或图论中节点间的关系，即分析网络中节点间的连接和强度关系。

NewSQL——一个优雅的、定义良好的数据库系统，比 SQL 更易学习和使用，是比 NoSQL 更晚提出的新型数据库。

NoSQL——顾名思义，就是"不使用 SQL"的数据库。这类数据库泛指传统关系型数据库以外的其他类型的数据库。这类数据库有更强的一致性，能处理超大规模和高并发的数据。

O

对象数据库（Object Databases）——（也称为面向对象数据库）以对象的形式存储数据，用于面向对象编程。它不同于关系型数据库和图形数据库，大部分对象数据库都提供一种查询语言，允许使用声明式编程（Declarative Programming）访问对象。

基于对象图像分析（Object-based Image Analysis）——数字图像分析方法是对每一个像素的数据进行分析，而基于对象的图像分析方法则只分析相关像素的数据，这些相关像素被称为对象或图像对象。

操作型数据库（Operational Databases）——这类数据库可以完成一个组织机构的常规操作，对商业运营非常重要，一般使用在线事务处理，允许用户访问、收集、检索公司内部的具体信息。

优化分析（Optimization Analysis）——在产品设计周期依靠算法来实现的优化过程，

在这一过程中，公司可以设计各种各样的产品并测试这些产品是否满足预设值。

本体论（Ontology）——表示知识本体，用于定义一个领域中的概念集及概念之间的关系的一种哲学思想。（数据被提高到哲学的高度，被赋予了世界本体的意义，成为一个独立的客观数据世界。）

异常值检测（Outlier Detection）——异常值是指严重偏离一个数据集或一个数据组合总平均值的对象，该对象与数据集中的其他对象相去甚远，因此，异常值的出现意味着系统发生问题，需要对此另加分析。

P

模式识别（Pattern Recognition）——通过算法来识别数据中的模式，并对同一数据源中的新数据作出预测。

P 字节（Petabytes，PB）——约等于 1 000 TB（Terabytes），约等于 100 万 GB（Gigabytes）。欧洲核子研究中心（CERN）大型强子对撞机每秒产生的粒子个数就约为 1 PB。

平台即服务（Platform-as-a-Service，PaaS）——为云计算解决方案提供所有必需的基础平台的一种服务。

预测分析（Predictive Analysis）——大数据分析方法中最有价值的一种分析方法，这种方法有助于预测个人未来（近期）的行为，例如某人很可能会买某些商品，可能会访问某些网站，做某些事情或者产生某种行为。这种方法通过使用各种不同的数据集，如历史数据、事务数据、社交数据，或者客户的个人信息数据，来识别风险和机遇。

隐私（Privacy）——把具有可识别出个人信息的数据与其他数据分离开，以确保用户隐私。

公共数据（Public Data）—— 由公共基金创建的公共信息或公共数据集。

Q

数字化自我（Quantified Self）——使用应用程序跟踪用户一天的一举一动，从而更好地理解其相关的行为。

查询（Query）——查找某个问题答案的相关信息。

R

再识别（Re-identification）——将多个数据集合并在一起，从匿名化的数据中识别出个人信息。

回归分析（Regression Analysis）——确定两个变量间的依赖关系。这种方法假设两个变量之间存在单向的因果关系（自变量、因变量，二者不可互换）。

射频识别（Radio Frequency Identification，RFID），这种识别技术使用一种无线非接触式射频电磁场传感器来传输数据。

实时数据（Real-time Data）—— 指在几毫秒内被创建、处理、存储、分析并显示的数据。

推荐引擎（Recommendation Engine）——推荐引擎算法根据用户之前的购买行为或其他购买行为向用户推荐某种产品。

路径分析（Routing Analysis）——针对某种运输方法通过使用多种不同的变量分析从而找到一条最优路径，以达到降低燃料费用、提高效率的目的。

S

半结构化数据（Semi-structured Data）——半结构化数据并不具有结构化数据严格的存储结构，但它可以使用标签或其他形式的标记方式以保证数据的层次结构。

情感分析（Sentiment Analysis）——通过算法分析出人们是如何看待某些话题的。

信号分析（Signal Analysis）——指通过度量随时间或空间变化的物理量来分析产品的性能。特别是使用传感器数据。

相似性搜索（Similarity Searches）—— 在数据库中查询最相似的对象，这里所说的数据对象可以是任意类型的数据。

仿真分析（Simulation Analysis）——仿真是指模拟真实环境中进程或系统的操作。仿真分析可以在仿真时考虑多种不同的变量，以确保产品性能达到最优。

智能网格（Smart Grid）——是指在能源网中使用传感器实时监控其运行状态，有助于提高效率。

软件即服务（Software-as-a-Service，SaaS）——基于 Web 的通过浏览器使用的一种应用软件。

空间分析（Spatial Analysis）——分析地理信息或拓扑信息这类空间数据，从中得出分布在地理空间中的数据的模式和规律。

SQL——在关系型数据库中，用于检索数据的一种编程语言。

结构化数据（Structured Data）——可以组织成行列结构，是可识别的数据。这类数据通常是一条记录，或者是一个文件，或者是被正确标记过的数据中的某一个字段，并且可以被精确地定位到。

T

T 字节（Terabytes，TB）——约等于 1 000 GB（Gigabytes）。1 TB 容量可以存储约 300 小时的高清视频。

时序分析（Time Series Analysis）——分析在重复测量时间里获得的定义良好的数据。分析的数据必须是良好定义的，并且要取自相同时间间隔的连续时间点。

拓扑数据分析（Topological Data Analysis）——拓扑数据分析主要关注三点：复合数据模型、集群的识别，以及数据的统计学意义。

交易数据（Transactional Data）——随时间变化的动态数据。

透明性（Transparency）—— 消费者想要知道他们的数据有什么作用、被如何处理，而组织机构则把这些信息都透明化了。

U

非结构化数据（Un-structured Data）——非结构化数据一般被认为是大量纯文本数据，其中还可能包含日期、数字和实例。

V

价值（Value）——（大数据 4V 特点之一）所有可用的数据，能为组织机构、社会、消费者创造出巨大的价值。这意味着各大企业及整个产业都将从大数据中获益。

可变性（Variability）——也就是说，数据的含义总是在（快速）变化的。例如，一个词在相同的推文中可以有完全不同的意思。

多样（Variety）——（大数据 4V 特点之一）数据总是以各种不同的形式呈现，如结构化数据、半结构化数据、非结构化数据，甚至还有复杂结构化数据。

高速（Velocity）——（大数据 4V 特点之一）在大数据时代，数据的创建、存储、分析、虚拟化都要求被高速处理。

真实性（Veracity）——组织机构需要确保数据的真实性，才能保证数据分析的正确性。因此，真实性（Veracity）是指数据的正确性。

可视化（Visualization）——只有正确的可视化，原始数据才可被投入使用。这里的"可视化"并非普通的图形或饼图，可视化指的是复杂的图表，图表中包含大量的数据信息，但可以被很容易地理解和阅读。

大量（Volume）——（大数据 4V 特点之一）指数据量，范围从 Megabytes 至 Bronto-bytes。

W

天气数据（Weather Data）——是一种重要的开放公共数据来源，如果与其他数据来源合成在一起，可以为相关组织机构提供深入分析的依据。

X

XML 数据库（XML Databases）—— XML 数据库是一种以 XML 格式存储数据的数据库。XML 数据库通常与面向文档型数据库相关联，开发人员可以对 XML 数据库的数据进行查询、导出以及按指定的格式序列化。

Y

Y 字节（Yottabyte）—— 约等于 1 000 ZB（Zettabytes），约等于 250 万亿张 DVD 的数据容量。现今，整个数字化宇宙的数据量为 1 YB，并且将每 18 年翻一番。

Z

Z 字节（ZB：Zettabyte）—— 约等于 1 000 EB（Exabytes），约等于 100 万 TB。据预测，到 2016 年全球范围内每天网络上通过的信息大约能达到 1 ZB。

附：*存储容量单位换算表*
1 Bit（比特）＝Binary Digit
8 Bits＝1 Byte（字节）
1 000 Bytes＝1 Kilobyte
1 000 Kilobytes＝1 Megabyte
1 000 Megabytes＝1 Gigabyte

1 000 Gigabytes＝1 Terabyte
1 000 Terabytes＝1 Petabyte
1 000 Petabytes＝1 Exabyte
1 000 Exabytes＝1 Zettabyte
1 000 Zettabytes＝1 Yottabyte
1 000 Yottabytes＝1 Brontobyte
1 000 Brontobytes＝1 Geopbyte
（资料来源：https://datafloq.com/abc-big-data-glossary/）

附录2

中国信息通信研究院《大数据白皮书（2020年）》

图书在版编目（CIP）数据

大数据基础/姚培荣主编．--北京：中国人民大
学出版社，2021.6
21世纪高职高专规划教材．通识课系列
ISBN 978-7-300-29421-6

Ⅰ.①大… Ⅱ.①姚… Ⅲ.①数据处理-高等职业教
育-教材 Ⅳ.①TP274

中国版本图书馆 CIP 数据核字（2021）第 105713 号

校企"双元"合作开发教材
21世纪高职高专规划教材·通识课系列
大数据基础
主　编　姚培荣
副主编　滕延秀
参　编　张义明　王佳倩　张昭君　秦　敏
主　审　杨　扬　（帆软数据应用研究院院长）
　　　　刘曙光　（新道科技股份有限公司副总裁）
Dashuju Jichu

出版发行	中国人民大学出版社				
社　　址	北京中关村大街 31 号		**邮政编码**	100080	
电　　话	010 - 62511242（总编室）		010 - 62511770（质管部）		
	010 - 82501766（邮购部）		010 - 62514148（门市部）		
	010 - 62515195（发行公司）		010 - 62515275（盗版举报）		
网　　址	http://www.crup.com.cn				
经　　销	新华书店				
印　　刷	北京密兴印刷有限公司				
开　　本	787 mm×1092 mm　1/16		**版　　次**	2021 年 6 月第 1 版	
印　　张	13 插页 1		**印　　次**	2023 年 7 月第 7 次印刷	
字　　数	282 000		**定　　价**	35.00 元	

信息反馈表

尊敬的老师:

您好! 为了更好地为您的教学、科研服务, 我们希望通过这张反馈表来获取您更多的建议和意见, 以进一步完善我们的工作。

请您填好下表后以电子邮件、信件或传真的形式反馈给我们, 十分感谢!

一、您使用的我社教材情况

您使用的我社教材名称			
您所讲授的课程		学生人数	
您希望获得哪些相关教学资源			
您对本书有哪些建议			

二、您目前使用的教材及计划编写的教材

	书名	作者	出版社
您目前使用的教材			
	书名	预计交稿时间	本校开课学生数量
您计划编写的教材			

三、请留下您的联系方式, 以便我们为您赠送样书 (限1本)

您的通信地址			
您的姓名		联系电话	
电子邮箱 (必填)			

我们的联系方式:

地　址: 苏州工业园区仁爱路158号中国人民大学苏州校区修远楼

电　话: 0512-68839320　　传　真: 0512-68839316

网　址: www.crup.com.cn　　邮　编: 215123